AF461289

RECHERCHES
SUR LES ALTÉRATIONS
QUE LA RÉSISTANCE DE L'ÉTHER PEUT PRODUIRE DANS LE MOUVEMENT MOYEN
DES PLANETES.

Par M. l'Abbé BOSSUT, Professeur Royal de Mathématiques aux Écoles du Génie, Correspondant de l'Académie Royale des Sciences.

A CHARLEVILLE,

De l'Imprimerie de PIERRE THESIN, Imprimeur - Libraire ordinaire de Son Alt. Sérén. Mgr. le Prince DE CONDÉ.

M. DCC. LXVI.

Avec Permission.

AVERTISSEMENT
DE L'AUTHEUR.

ON ſait qu'en 1762, l'Académie Royale des Sciences de Paris couronna la piéce que je lui envoyai ſur la queſtion *ſi les Planetes ſe meuvent dans un milieu dont la réſiſtance produiſe quelque effet ſenſible ſur leurs mouvements*, qu'elle avoit propoſée pour ſujet du prix de cette année. L'ouvrage qu'on va lire eſt la même piéce, quant au fond, comme on pourra s'en convaincre, lorſque l'Académie fera imprimer le Manuſcrit qu'elle a entre les mains. Je publie ces Recherches à l'invitation de pluſieurs Savants qui me les ont demandées.

RECHERCHES
SUR LES ALTERATIONS
QUE LA RÉSISTANCE DE L'ETHER
PEUT PRODUIRE
DANS LE MOUVEMENT MOYEN
DES PLANETES.

DISCOURS PRÉLIMINAIRE.

LE sistême de la gravitation universelle, né en Angleterre, combattu d'abord en France, adopté enfin dans toutes les Académies, est regardé aujourd'hui comme une verité experimentale des plus incontestables. Il doit cet honneur à l'avantage qu'il a d'expliquer les Phénomènes célestes d'une manière simple, claire & rigoureuse. Les Géometres de nos jours semblent avoir posé ou préparé les dernières pierres de l'édifice : on connoit leurs profondes recherches ſur la figure de la Terre, la théorie de la Lune, celle de Saturne & de Jupiter, la préceſſion des Équinoxes & la nutation de l'axe de la Terre, &c.

Cependant comme l'imperfection actuelle de l'Analyſe ne permet pas de réſoudre en toute rigueur les problêmes concernant les mouvemens des Planetes, & qu'on eſt obligé de changer un peu, après un certain temps, le lieu moyen des Planetes, pour faire quadrer parfaitement les obſervations avec les tables conſtruites d'après la théorie Neutonienne, on a douté s'il falloit attribuer ces legeres altérations du mouvement moyen uniquement aux petites quantités négligées dans le calcul, ou s'il ne faudroit pas en rejetter une partie ſur la réſiſtance d'un milieu dans lequel nageroient les Planetes. C'eſt pour éclaircir ces doutes que l'Académie Royale des Sciences de Paris demande aujourd'hui *Si les Planétes ſe meuvent dans un milieu dont la réſiſtance produiſe quelque effet ſenſible ſur leurs mouvements.*

On voit donc qu'il ne s'agit pas ici de retablir les tourbillons Cartéſiens ſi juſtement proſcrits par Neuton, ni d'employer tout autre fluide dont l'impulſion ou la réſiſtance ſoit du même ordre de force que la gravitation des Planetes ſur le Soleil. Mais on ne peut pas d'ailleurs s'empêcher d'admettre dans les eſpaces céleſtes une matière très-rare & très-déliée ; car outre que pluſieurs Phénomênes paroiſſent indiquer que le Soleil eſt environné d'une Atmoſphère qui s'étend au-dela des régions de Saturne, la lumière eſt ſemée de tous côtés dans les Cieux, ſoit que cette matière émane immédiatement du corps du Soleil, ſoit qu'elle forme un fluide infiniment diviſé, répandu dans l'eſpace, qui par ſes ondulations excite dans nos organes la ſenſation de la viſion. Le problême qu'on propoſe & que j'entreprens de reſoudre ſe réduit à ſavoir ſi le fluide ſimple ou compoſé qui environne le Soleil a quelque influence ſur le mouvement des planetes.

Je n'adopte ici aucun ſiſtême ſur la nature de ce fluide. Pour ne rien donner à l'eſprit de conjecture, je ſuppoſerai ſimplement que les Planetes traverſent une matière quelconque très-rare & très-deliée, déſignée ſous le nom général d'*Éther* ou de matière *Étherée* ; & je chercherai les altérations que cette matière doit produire dans leurs mouvemens. Si les altérations ainſi déterminées par le calcul ſont ſenſibles, & qu'elles s'accordent avec les obſervations, la ſuppoſition ſera realiſée, & l'on en pourra même tirer quelques lumières ſur la loi des denſités de la matière Éthérée, à diférentes diſtances du Soleil. Si aucontraire on ne trouve point d'altération obſervable, on en conclura que la ſubſtance de la lumière ne réſiſte pas, dumoins ſenſiblement, au mouvement des Planetes, & que dans le cas où l'on voudroit admettre autour du Soleil une Atmoſphère diſtincte du fluide qui forme la lumière, cette Afmoſphère eſt d'une rareté qui équivaut à une abſence abſoluë.

Cet ouvrage ſera diviſé en trois parties dont les deux premières contiendront toutes les formules Analytiques du problême, & la troiſième ſera une application de ces formules aux obſervations.

PREMIÉRE PARTIE.

Détermination de l'orbite des Planetes principales & des Cometes dans un milieu peu réſiſtant.

§. I. LA plûpart des Auteurs qui ont écrit ſur la réſiſtance que les milieux oppoſent au mouvement des corps qui les traverſent, ſuppoſent que cette réſiſtance eſt en raiſon compoſée de la denſité du milieu, du quarré du Diamêtre du mobile, & du quarré de ſa viteſſe; ce qui n'eſt pas éxact en rigueur. Néanmoins nous ferons ici la même ſuppoſition parcequ'elle eſt ſenſiblement vraie pour les milieux rares & peu réſiſtants. De plus, nous regarderons le Soleil comme abſolument immobile dans l'eſpace abſolu, parceque le mouvement de cet aſtre eſt en effet peu conſidérable, & qu'il ne peut pas en réſulter d'erreur ſenſible dans ces recherches. Ainſi le problème général que nous avons à réſoudre conſiſte à déterminer le mouvement d'une Planete ou d'une Comete autour du Soleil conſideré comme fixe, en ſuppoſant cette Planete ou Comete ſoumiſe à l'action de la péſanteur, & d'une réſiſtance très-petite & proportionelle au produit de la denſité de l'Éther par le quarré du Diamêtre de l'aſtre mobile & par le quarré de la viteſſe du même aſtre.

PROBLÉME FONDAMENTAL.

Fig. 1 §. 2. *Trouver la Nature de la courbe* **P M N** *décrite par un mobile lancé suivant une direction quelconque, & soumis à l'action de deux forces dont l'une tende sans cesse vers un point fixe S, & dont l'autre soit dirigée à chaque instant suivant l'élement de la courbe ?*

SOLUTION.

Soient S M, S *m* deux raions vecteurs consécutifs ; C M, C *m* les raions correspondants de la dévéloppée. Du centre S avec le raion constant S Q & le raion variable S M soient décrits les arcs concentriques Q *q*, M Z.

Supposons

S Q	$= 1$
Q *q*	$= dx$
S M	$= r$
m Z	$= dr$
M Z	$= r\,dx$
M *m*	$= ds$
C M	$= R$
La force tendante au centre S	$= F$
La force dirigée suivant *m* M	$= K$
La vitesse le long de M *m*	$= u$
L'instant employé à parcourir M *m* . .	$= dt$

Cela posé, sur le raion vecteur S *m* je prens la partie *mh* pour représenter la force F, & je decompose cette force en deux autres, l'une *m g* dirigée suivant la courbe, l'autre *m n* perpendiculaire à la courbe. Il est clair que la première est exprimée par $F \times \frac{mg}{mh} = F \times \frac{mZ}{Mm} = \frac{F\,dr}{ds}$, la seconde par $F \times \frac{mn}{mh} = F \times \frac{MZ}{Mm} = \frac{F\,r\,dx}{ds}$. Or le mobile étant redardé le long de M *m* par la force $\frac{F\,dr}{ds}$, & par la force K qui agit toujours dans un sens contraire à son mouvement, on aura par le principe ordinaire des forces accéleratrices, l'équation

$$(A)\ u\,du = \left(-\frac{F\,dr}{ds} - K\right) ds = -F\,dr - K\,ds.$$

De plus il eſt évident qu'en vertu de la force $\frac{F\,r\,dx}{ds}$ le mobile décriroit le cercle dont C M eſt le raion ; ainſi on aura par le Theorême de Huighens, l'équation

$$(B)\ \frac{uu}{R} = \frac{F\,r\,dx}{ds}.$$

Si dans ces deux équations on met pour u ſa valeur $\frac{ds}{dt}$, pour du ſa valeur $\frac{dt\,dds - ds\,ddt}{dt^2}$ dans laquelle ds & dt ſont variables, pour R ſa valeur $\frac{dr\,ds^2}{2\,dr\,dx\,ds - r\,dx\,dds}$ dans laquelle l'angle dx eſt conſtant, on aura les deux transformées;

$$(C)\ \frac{dt\,ds\,dds - ds^2\,ddt}{dt^3} = -F\,dr - K\,ds,$$

$$(D)\ \frac{2\,dr\,ds^2 - r\,ds\,dds}{r\,dt^2} = F\,dr.$$

Comparant enſemble les deux valeurs de F dr & réduiſant, on aura

$$(E)\ 2\,dr - \frac{r\,ddt}{dt} = -\frac{K\,r\,dt^2}{ds}.$$

Enfin chaſſant ds & dds de l'équation (D) par le moyen de l'équation $ds^2 = dr^2 + rr\,dx^2$, & ſuppoſant de plus $r = \frac{1}{z}$, & par conſéquent $dr = -\frac{dz}{zz}$, $ddr = -\frac{ddz}{zz} + \frac{2\,dz^2}{z^3}$, on trouvera l'équation

$$(F)\ ddz + z\,dx^2 - F\,zz\,dt^2 = 0.$$

Les deux équations (E) & (F) ſerviront à conſtruire l'orbite & à troüver le tems de la révolution de la Planete. *C.Q.F.T.*

§. 3. On ſait que chaque Planete principale ou chaque Comete gravite vers le Soleil ſuivant un rapport composé de la maſſe & du quarré inverſe des diſtances, & qu'outre cette tendance principale, elle éprouve encore l'action des autres Planétes. Or on peut toujours reduire à chaque inſtant toutes ces forces qui agiſſent ſur la Planete propoſée à trois ſeulement, dont la premiere eſt perpendiculaire au plan de l'orbite, la ſeconde eſt dirigée ſuivant le raion vecteur, la troiſiéme eſt dirigée ſuivant l'élement de la Courbe. De ces trois forces, la premiere tend à changer l'inclinaïſon de l'orbite & à mouvoir ſes nœuds : les deux autres ſont les ſeules qu'il faille conſiderer rélativement au mouvement dans l'orbite. En combinant ces deux dernières forces avec la réſiſtance de la matière Etherée qui agit ſuivant l'élement de la courbe, on voit que le mouvement dans l'orbite eſt produit par deux forces, dont l'une eſt dirigée vers le Soleil, l'autre eſt dirigée ſuivant l'élement de la courbe, & que par conſéquent ce mouvement eſt repréſenté dans toute ſa généralité par nos deux équations fondamentales (E) & (F). Il ne s'agit donc plus que d'integrer ces deux équations. Mais avant que d'entreprendre une telle operation, il faut obſerver que ſi l'on a égard tout à la fois aux différentes forces dont nous venons de parler, les formules du mouvement de la Planete contiendront 1°. Les mêmes termes qu'on trouve, abſtraction faite de la réſiſtance de la matière Éthérée; 2°. les termes provenants de l'action du Soleil, affectés du coéfficient de la réſiſtance de la matière Etherée; 3°. Les termes provenants de l'action perturbatrice des autres Planetes, affectés du coéfficient de la même réſiſtance. Or la première claſſe de termes a été ſuffiſamment déterminée par les célebres MM. Euler, d'Alembert, Clairaut; & la troiſiéme claſſe doit être entierement négligée comme contenant des quantités infiniment petites du ſecond ordre. Ainſi il ſuffit dans cette recherche de combiner la réſiſtance de la matière Étherée avec la gravitation de la Planete ſur le Soleil, & de ſuppoſer en conſéquence que ſi la réſiſtance de la matiére Étherée étoit nulle, les orbites des Planetes ſeroient des Ellipſes rigoureuſes.

§. 4. Cela poſé, il eſt facile de trouver les expreſſions des forces F & K. Car 1°. en nommant M la masse du Soleil, N celle de la Planete mobile, on aura $F = \frac{M+N}{rr} = (M+N)zz$. On peut même négliger N en comparaison de M, & prendre simplement $F = Mzz$. 2°. En supposant que la densité de la matière Étherée est proportionelle à une puissance donnée ρ du raion vecteur, & mommant b le raion de la Planete, θ le rapport de la circonference au raion, f le rayon vecteur S P au premier instant du mouvement, D la densité de l'Éther en ce même instant, m la vitesse initiale, P la resistance que la matière Étherée, sous la densité D, oppose à un plan donné aa mu directement contr'elle avec la vitesse m; il est clair qu'on aura $K = \frac{P}{N} \times \frac{Dr^{\rho}}{f^{\rho}} \times \frac{\theta b^2 u^2}{4a^2m^2}$ expression qu'il est à propos de mettre sous une forme qui fasse connoître le rapport de la force K à la gravitation de la Planete sur le Soleil. Pour cela, on remarquera d'abord que comme la surface plane aa est arbitraire, on peut supposer $\frac{\theta bb}{4aa} = 1$, ou $a^2 = \frac{\theta bb}{4}$. Deplus nous supposerons que PHKQ étant l'Ellipse rigoureuse que la Planete décriroit dans le vuide, la Planete parte du Perihélie P avec la vitesse m: alors nommant c la distance S O des deux foyers de l'Ellipse P H K Q, on trouvera facilement $mm = \frac{2M(f+c)}{f(2f+c)}$. Enfin soit ϵ le rapport de la force accélératrice $\frac{P}{N}$ à la gravitation de la Planete Perihélie sur le Soleil, c'est-à-dire, soit $\frac{P}{N} = \frac{\epsilon M}{ff}$. On aura $K = \frac{\epsilon D(2f+c)r^{\rho}uu}{f^{\rho}(2ff+2fc)}$ équation dans laquelle ϵ est un nombre constant qu'on déterminera dans la suite. Nous prendrons, pour abréger, la quantité constante

Fig. 2

$\frac{\epsilon D(2f+c)}{\gamma p(2ff+2fc)} = n$, enſorte que $K = n r^{\rho} uu = \frac{n r^{\rho} ds^2}{dt^2}$.

§. 5. Si maintenant on ſubſtitue à la place de K ſa valeur dans l'équation (E), on aura $2dr - \frac{rddt}{dt} = -nr^{\rho+1}ds$, ou bien $\frac{ddt}{dt} - \frac{2dr}{r} = nr^{\rho}ds$, dont l'integrale eſt $L.dt - L.A\,dx - L.rr = S.\,nr^{\rho}ds$, ou bien $L.\frac{dt}{Arrdx} = S.\,nr^{\rho}ds$; d'où l'on tire $\frac{dt}{Arrdx} = 1 + S.nr^{\rho}ds + \frac{n^2}{2}(S.\,r^{\rho}ds)^2 + \&c$. Donc en négligeant tous les termes qui contiendront le quarré & les autres puiſſances du coéfficient très-petit n,

$$dt = Arrdx(1 + nS.\,r^{\rho}ds).$$

Deplus, le facteur $S.\,r^{\rho}ds$ étant affecté du coéfficient n, on peut mettre à la place de r^{ρ} & de ds les valeurs que ces quantités auroient eues dans l'ellipſe rigoureuſe. Ainſi $S.\,r^{\rho}ds$ eſt une fonction donnée de l'Angle x, fonction que je déſigne par X, & qui doit s'évanouir, lorſque $x = 0$. On aura donc $dt = Arrdx(1 + nX)$.

Pour déterminer la conſtante A, on obſervera que comme la Planete eſt ſuppoſée partir du Périhélie P où le rayon vecteur eſt perpendiculaire à l'orbite, on aura $\frac{dt}{Affdx} = 1$, ou bien $\frac{1}{fm} = A$; donc en général

$$dt = \frac{rrdx + nrrXdx}{fm};$$

donc $dt^2 = \frac{r^4dx^2(1+2nX)}{f^2m^2}$ ſenſiblement. Mettons cette valeur de dt^2 dans l'équation generale (F); mettons auſſi pour F ſa valeur

Mzz, & nous aurons

$$(G)\quad ddz + zdx^2 - \frac{(M + 2n M.X)}{ffmm} dx^2 = 0$$

équation fondamentale du problême de la résistance de l'Éther au mouvement des Planetes.

§. 6. L'équation que nous venons de trouver est également appliquable aux orbites des Planetes & des Cometes. Mais comme les orbites des Planetes, si on excepte celle de Mercure, sont assez peu excentriques, je crois devoir examiner d'abord & séparement le cas particulier où l'excentricité est fort petite. La méthode dont je me servirai pour resoudre ce problême qui a été deja traité par M. d'Alembert, est nouvelle & s'étend à d'autres questions du même genre, comme on le verra dans un moment.

Construction de l'orbite, lorsque l'excentricité est fort petite.

§. 7. L'orbite étant presque circulaire, il est évident que la densité de l'Éther peut être supposée constante pour la même Planete. Ainsi on aura $\rho = 0$. Deplus on aura $mm = \frac{2M(f+c)}{f(2f+c)}$ $= \frac{M}{f} + \frac{cM}{2ff}$, en négligeant le quarré & les puissances plus hautes de c. Enfin on aura $nX = n.fx$ sensiblement. Par conséquent l'équation générale (G) deviendra ici

$$(H)\quad ddz + zdx^2 - \frac{dx^2}{f} + \frac{cdx^2}{2ff} - 2nxdx^2 = 0.$$

§ 8. Supposons qu'on ait à intégrer cette équation générale

$$ddz + Azdx^2 + Bx^p dx^2 + Cdx^2 = 0.$$

dont la notre (H) n'est qu'un cas particulier, & dans laquelle p est un nombre entier positif, A, B, C, des coéfficients quelconques.

En faisant $Az + Bx^p = y$, & par conséquent $Adz + pBx^{p-1}dx = dy$, $Addz + Bp.(p-1)\ x^{p-2}dx^2 = ddy$, on aura une autre équation de cette forme

$$ddy + Dydx^2 + Ex^{p-2}dx^2 + Fdx^2 = 0;$$

Faisant encore $Dy + Ex^{p-2} = s$, on aura une transformée dans un terme de laquelle x sera élevée à la puissance $p-4$; & si l'on continue à faire des transformations pareilles, il est clair que quelque grand que puisse être le nombre p, on parviendra à une équation dans laquelle x ne se trouvera plus. Par conséquent l'intégrale de l'équation générale $ddz + Azdx^2 + Bx^p dx^2 + Cdx^2 = 0$ dépend de l'intégrale d'une équation de cette forme

$$ddq + Gqdx^2 + Hdx^2 = 0:$$

Or si l'on multiplie tous les termes de cette dernière équation par q, & qu'on intégre, on aura $\frac{dq^2}{2} + \frac{Gqqdx^2}{2} + Hqdx^2 = Ldx^2$, ou bien $dx = \frac{dq}{\sqrt{[2L - Gqq - 2Hq]}}$

qui dépend en général de la quadrature du cercle ou de l'Hyperbole, suivant les signes des coéfficients G, H.

§. 9. Dans l'application de la méthode précédente à notre équation $ddz + zdx^2 - \frac{dx^2}{f} + \frac{cdx^2}{2ff} - 2nxdx^2 = 0$, on a $z - 2nx = q$, $G = 1$, $H = -\left(\frac{1}{f} - \frac{c}{2ff}\right)$, & par conséquent

$$dx = \frac{dq}{\sqrt{[2L + \left(\frac{2}{f} - \frac{c}{ff}\right)q - qq]}}.$$

La conſtante L ajoutée en intégrant doit ici être telle que l'angle x étant zero, & $z = \frac{1}{f}$, on ait $\frac{dz}{dx} = 0$; & par conſéquent $\frac{dq}{dx} = -2n$; donc $2L = 4nn - \frac{1}{ff} + \frac{c}{f^3}$. Ainſi

$$dx = \frac{dq}{\sqrt{[4nn - \frac{1}{ff} + \frac{c}{f^3} + \left(\frac{2}{f} - \frac{c}{ff}\right)q - qq]}}$$

d'ou l'on tire aiſément

$$q = \left(\frac{1}{f} - \frac{c}{2ff}\right) - \sqrt{[4nn + \frac{cc}{4f^4}]}.\text{coſ.}(x+C)$$

& par conſéquent

$$z = 2nx + \left(\frac{1}{f} - \frac{c}{2ff}\right) - \sqrt{[4nn + \frac{cc}{4f^4}]}.\text{coſ.}(x+C).$$

L'arc conſtant C ajouté en intégrant doit être tel que $x = 0$ donne $z = \frac{1}{f}$; d'où il ſuit qu'on aura coſ. $C = -\frac{c}{\sqrt{[16n^2f^4 + cc]}}$ ſin.$C = -\frac{4nff}{\sqrt{[16n^2f^4 + cc]}}$; donc

$$z = 2nx + \left(\frac{1}{f} - \frac{c}{2ff}\right) + \frac{c}{2ff}\text{coſ.}x - 2n\,\text{ſin.}\,x;$$

$$r = f + \frac{c}{2} - 2nffx - \frac{c}{2} . \text{cof.}\, x + 2nff\, \text{fin.}\, x$$

équation entre le raion vecteur r & l'angle x; d'où il eſt aiſé de conſtruire l'orbite. Cette équation ſatisfait aux deux conditions que le problême exige, ſavoir qu'on ait 1°. $r = f$, lorſque $x = 0$. 2°. $\frac{dr}{dx} = 0$, lorſque $x = 0$, ou qu'a l'origine le raion vecteur ſoit perpendiculaire à l'orbite.

§. 10. Parmi les differens points de la courbe, les plus remarquables ſont ceux du Perihélie & de l'Aphélie. Ils ſe déterminent par la condition que r ſoit un *Minimum* ou un *Maximum*. Or puiſqu'une telle ſuppoſition donne $\frac{dr}{dx} = 0$, & qu'on a en général $\frac{dr}{dx} = -2nff + \frac{c}{2} \text{fin.}\, x + 2nff. \text{cof.}\, x$, il eſt clair 1°. qu'on aura $\frac{dr}{dx} = 0$, lorſque $x = 0$, $x = 360°$, $x = 2.\, 360°$, &c. Ainſi puiſque l'angle x commence au Perihélie, on voit que le lieu du Perihélie eſt immobile dans le Ciel. Donc *ſi ce point a quelque mouvement, la reſiſtance de la matiére Étherée n'en ſauroit être la cauſe.*

2°. On aura $\frac{dr}{dx} = 0$, lorſque $\frac{c}{2} \text{fin.}\, x + 2nff \text{cof.}\, x = 2nff$, ou bien $\text{fin.}\, x = \frac{8cffn}{c^2 + 16n^2f^4}$; & comme un angle augmenté de 360° ou d'un multiple de 360°, ne change pas de ſinus, il eſt évident que ſi ayant prolongé PS, on prend l'angle ASK tel que ſon ſinus $= \frac{8cffn}{c^2 + 16n^2f^4}$ *le lieu de l'Aphélie ſera toujours au point* A, *& que par conſéquent la reſiſtance de l'Éther n'imprime pas de mouvement à ce point.*

§. 11. Il eſt a propos de remarquer au ſujet de l'équation $\text{fin.}\, x$.

$= \frac{8cffn}{c+16n^4f^4}$ qui donne le lieu de l'Aphélie que comme la resistance de l'Éther est extremêment petite, le terme $16n^2f^4$ peut être consideré comme nul en comparaison de c^2, & par conséquent on pourra prendre $\sin.x = \frac{8ffn}{c}$; d'ou l'on voit que le lieu de l'Aphelie est est à très-peu de chose de près le même qu'il auroit été dans le vuide absolu.

§. 12. L'angle A S K étant très-petit, on peut considerer PSA comme une seule & même ligne droite qui sert de grand axe à l'orbite PMAN ainsi alterée par la resistance de l'Éther. Or en supposant toujours que la Planete parte du Perihélie P, & observant que l'angle PSA qui differe peu de 180°, & qui est affecté du coéfficient très-petit n peut être supposé en effet de 180°, il est clair que si l'on nomme θ la circonférence entiere pour le raion 1, on aura, aprés la premiere révolution, $SP = f$, $SA = f + c - nff\theta$;

& apres le nombre donné e de révolutions $SP = f - 2nff \times e\theta$,

$SA = f + c - 2nff\theta\left(\frac{1}{2} + e\right)$, donc apres la premiere révolution

$$SP + SA = 2f + c - 2nff \times \frac{\theta}{2}$$

$$SA - SP = c - 2nff \times \frac{\theta}{2}$$

& apres le nombre donné e de révolutions

$$SP + SA = 2f + c - \theta\,(nff + 4nffe)$$

$$SA - SP = c - 2ffn \times \frac{\theta}{2}.$$

On voit par là que *la resistance de l'Éther tend à diminuer sans cesse le grand axe de l'orbite, mais qu'apres le nombre donné e de révolutions l'excentricité de l'orbite est [du moins sensiblement] la même qu'apres la premiere révolution.*

§. 13. Pour avoir le tems de la révolution de la Planete, on reprendra l'équation $dt = \frac{rrdx + Xrrdx}{fm}$ trouvée cy dessus [§. 5], & substituant pour X sa valeur fx, pour r sa valeur $f + \frac{c}{2} - 2nffx - \frac{c}{2}\text{cos}.x + 2nff\text{sin}.x$, on aura sensiblement

$$dt = \frac{(f+c)\,dx - 3nff\,x\,dx - c\,\text{cos}.x\,dx + 4\,nff\,\text{sin}.x.dx}{m}$$ dont l'integrale est

$$t = \frac{(f+c)x - \frac{3}{2}nffxx - c\,\text{sin}.x - 4nff\,\text{cos}.x + 4nff}{m}$$

en completant l'intégrale de maniere que $x = 0$ donne $t = 0$.

§. 14. Delà, il suit que comptant toutes les revolutions d'une même époque donnée, on aura

le tems de la premiere révolution $= \frac{(f+c)\theta - \frac{3}{2}nff\theta^2}{m}$

le tems des deux premieres révolutions $= \frac{(f+c)2\theta - \frac{3}{2}nff4\theta^2}{m}$

le tems des trois premieres révolutions $= \frac{(f+c)3\theta - \frac{3}{2}nff9\theta^2}{m}$

. . . .

le tems d'un nombre e de révolutions $= \dfrac{(f+c)e\theta - \frac{3}{2} nffee\theta^2}{m}$.

Retranchant ſucceſſivement du tems d'un nombre connu de révolutions, le tems de toutes les révolutions qui précédent la derniere, on aura le tems de la dernière révolution ſeule. Par cette opération, on formera la table ſuivante

Le tems de la premiere révolution ſeule $= \dfrac{(f+c)\theta - \frac{3}{2} nff\theta^2}{m}$

Le tems de la deuxieme révolution ſeule $= \dfrac{(f+c)\theta - \frac{3}{2} nff.3\theta^2}{m}$

Le tems de la troiſiéme révolution ſeule $= \dfrac{[f+c]\theta - \frac{3}{2} nff5\theta^2}{m}$

. . . .

Le tems de la e$^{me.}$ révolution ſeule $= \dfrac{(f+c)\theta - \frac{3}{2} nff(2e-1)\theta^2}{m}$

Par conſéquent ſi l'on nomme T le tems de la premiere révolution, $\overset{\prime}{T}$ le tems de la e$^{me.}$ révolution, on aura ſenſiblement $\dfrac{T - \overset{\prime}{T}}{T} = \dfrac{3}{2} nff \dfrac{(2e-2)\theta}{f+c}$; donc en remettant pour n ſa valeur $\frac{\mathfrak{C}(2f+c)}{2ff+2fc}$ (§. 4 & 7), on aura $\frac{3\mathfrak{C}(2f+c)f(2e-2)}{4(f+c)^2\theta} = \frac{T-T'}{T}$;

donc enfin

$$\mathfrak{C} = \left[\frac{T-T'}{T}\right] \times \frac{4[f+c]^2}{3(2e-2)(2ff+fc)\theta} = \left[\frac{T-T'}{T}\right] \times \frac{2}{3\theta(2e-2)}$$

fenfiblement, parceque $\frac{T-T'}{T}$ eft, ainfi que c, une quantité fort petite.

Ce nombre $\mathfrak{C}$ exprime, comme on s'en fouvient, le rapport de la réfiftance de l'Éther à la gravitation de la Planete fur le Soleil.

§. 15. Comme les tables Aftronomiques ne donnent pas immédiatement la quantité $\frac{T-T'}{T}$ ou, ce qui revient au même, le tems T de la premiere révolution, car le tems actuel T' eft connu; il eft à propos de chercher une autre expreffion de $\mathfrak{C}$ qui foit d'un ufage plus commode que la précédente. Pour cela, fuppofons que pour faire quadrer les obfervations modernes avec les anciennes, il faille ajouter au lieu moyen actuel de la Planete une équation donnée E, afin d'avoir le lieu moyen qui convient à la premiere révolution; il eft évident que fi l'on fait cette proportion 360° : E :: T' : à un quatrieme terme, ce quatriéme terme $\frac{E}{360^\circ} \times T'$ exprimera le tems dont le moyen mouvement de la Planete a diminué pendant le nombre e de révolutions. Or cette même diminution de tems eft exprimée par $\frac{3nffee\theta^2}{2m}$: on aura donc $\frac{E}{360^\circ} \times T' =$

$\epsilon = \frac{3nffee\theta^2}{2m}$. Mettant pour $\acute{T}$ ſa valeur trouvée (§. 14), & négligeant toujours les infiniment petits du ſecond ordre, on aura ſenſiblement

$$\epsilon = \frac{E}{360^\circ} \times \frac{2}{3\theta ee}.$$

Il eſt clair que par la comparaiſon des deux valeurs de ϵ, on connoîtra T.

§. 16. Nous avons remarqué (§. 7) que la denſité de l'Éther eſt la même dans tous les points d'une orbite preſque circulaire. Mais ſi cette denſité eſt differente dans les regions de deux Planetes différentes, & qu'on connoiſſe la loy ſuivant laquelle elle varie, il ſuit de la formule précédente que lorſqn'on connoîtra par les obſervations la quantité E pour une Planete, on connoîtra auſſi la quantité analogue pour toute autre Planete.

Soient, par exemple, E & *E* les quantités correſpondantes pour la Terre & pour une autre Planete, G & g les gravitations de ces deux aſtres ſur le Soleil, B & *b* leurs raions, N & n leurs maſſes, *f* & ψ leurs diſtances moyennes, e & ε les nombres de révolutions, D & d les denſités de la matière Étherée dans leurs regions reſpectives, P & p les impulſions qu'ils reçoivent de la matière Étherée. On aura, comme on ſait, $\frac{P}{N} : \frac{p}{n} :: \frac{BBVVD}{N} : \frac{bbvvd}{n}$. Or par la formule précédente, $\frac{P}{N} = G \times \frac{E}{360^\circ} \times \frac{2}{3\theta e^2}$, & $\frac{p}{n} = g \times \frac{E}{360^\circ} \times \frac{2}{3\theta\varepsilon^2}$: donc on aura

$$E = E \times \frac{G\varepsilon^2 b^2 v^2 Nd}{ge^2 B^2 V^2 nD}.$$

Si l'on suppose, comme on fait ordinairement, que les densités de l'Éther soient reciproquement proportionelles aux quarrés des distances au Soleil, on aura

$$\mathit{E} = \mathrm{E} \times \frac{Gf^2\varepsilon^2 b^2 v^2 N}{g\psi^2 e^2 B^2 V^2 n}.$$

§. 17. Pour déterminer l'effet de la résistance de l'Éther sur le mouvement moyen de la seconde Planete pendant un certain nombre d'années, soit p le rapport du tems de la révolution periodique de la terre au tems de la révolution périodique de la Planete proposée ; il est évident que $\varepsilon = \frac{e}{p}$. Deplus on a, comme on fait, $G : g :: \frac{VV}{f} : \frac{vv}{\psi}$. Ainsi la formule prêcédente devient celle-cî

$$\mathit{E} = \mathrm{E} \times \frac{f b^2 N}{\psi p^2 B^2 n}$$

qui est très-simple & dont on verra cy dessous l'usage.

§. 18. Nous finirons par observer que si la loy des densités de de l'Éther n'étoit pas donnée, mais qu'on connut tout à la fois par les observations les quantités E & E pour deux Planetes, on trouveroit directement par notre méthode la loy des densités, car alors on a (§. 16),

$$\frac{D}{d} = \frac{\mathrm{E}}{\mathit{E}} \times \frac{G\varepsilon^2 b^2 v^2 N}{g e^2 B^2 V^2 n}.$$

Par exemple, supposons que les densités soient comme une puissance inconnue δ des distances au Soleil, c'est-à-dire, $\frac{D}{d} = \frac{f^\delta}{\psi^\delta}$.

on aura $\delta = \frac{L \cdot \frac{D}{d}}{L \cdot \frac{f}{\psi}}$. Cette manière de determiner la loy des densités de l'Éther feroit certainement la plus simple & la moins hypothétique qu on pût employer.

Construction de l'orbite, quelle que soit l'excentricité.

---

§. 19. L'équation générale du problême est (§. 5) $ddz + zdx^2 - \frac{(M + 2nM.X)}{ffmm} dx^2 = 0$.

Pour intégrer cette équation, supposons $z = q$ sin. x, & par conséquent $dz = dq$ sin. $x + qdx$ cos. x, $ddz = ddq$ sin. $x + 2 dq dx$ cos. $x - qdx^2$ sin. x : on aura la transformée

$$ddq \text{ sin. } x + 2 dqdx \text{ cos. } x - \frac{(M + 2nM.X)}{ffmm} dx^2 = 0.$$

Multipliant tout par sin. x, on aura ddq (sin. $x)^2 + 2dq\, dx \times$

$\text{cos. } x \text{ sin. } x - \frac{(M + 2nMX)}{ffmm} \text{sin.}\, x dx^2 = 0$, dont l'intégrale est $dq \text{ sin.}\, x^2$

$- dx . S . \frac{(M + 2nMX)}{ffmm} \text{ sin. } x dx = Bdx$; donc $dq = \frac{Bdx}{\text{sin.}\, x^2} + \frac{dx}{\text{sin.}\, x^2}$

$\times . S . \frac{(M + 2nM.X)}{ffmm} \text{sin.}\, x dx$, dont l'intégrale est $q = C - \frac{B \text{cos.}\, x}{\text{sin } x} - \frac{\text{cos.}\, x}{\text{sin.}\, x}$

$\times . S . \frac{(M + 2nM.X)}{ffmm} \text{ sin.}\, x dx + S \cdot \frac{(M + 2nM.X)}{ffmm} \text{cos.}\, x dx$; donc enfin on aura $z = C \sin. x - B \cos. x - \cos. x. S \cdot \frac{(M+2nMX)}{ffmm} \sin. x dx + \sin. x \times . S. \frac{(M+2nMX)}{ffmm} \cos. x\, dx$, ou bien encore,

$$z = \frac{M}{mmff} + C \sin. x - B \cos. x + \frac{2MnX}{ffmm} - \frac{2Mn}{ffmm}\left(\cos. x. S. \cos. x\, dX + \sin. x. S. \sin. x\, dX\right).$$

Les conſtantes B & C doivent être telles qu'on ait 1° $r = f$, ou $z = \frac{1}{f}$, lorſque $x = 0$. 2°. $\frac{dz}{dx} = 0$, lorſque $x = 0$, parcequ'au Perihélie P de l'ellipſe rigoureuſe PHKQ, où le mouvement commence, le raion vecteur eſt perpendiculaire à l'orbite. D'où il ſuit évidemment qu'on aura $B = \frac{M}{f^2 m^2} - \frac{1}{f}$, $C = 0$. Mettant pour mm ſa valeur $\frac{2M(f+c)}{f(2f+c)}$, on aura

$$z = \frac{2f+c}{2ff+2fc} + \frac{c \cos. x}{2ff+2cf} + \frac{n(2f+c)X}{ff+cf} - \frac{n(2f+c)}{ff+cf}\left(\cos. x. S. \cos. x. dX + \sin. x.. S \sin. x dX\right)$$

Et par conſéquent, à cauſe de $r = \frac{1}{z}$,

$$r = \frac{2ff+2cf}{2f+c+c \cos. x} - \frac{4n(ff+cf)(2f+c)}{(2f+c+c \cos. x)^2} \times \left(X - \cos. x. S. \cos. x\, dX - \sin. x. S. \sin. x\, dX\right)$$

équation entre le raion vecteur r & l'Anomalie vraie x.

§. 20. On voit par cette équation qu'on pourra toujours conſtruire l'orbite, quelle que ſoit la fonction X. Mais comme il s'agit s'agit ici d'un problême applicable à la nature & non d'une recherche purement Analytique, nous nous contenterons d'éxaminer deux cas; le premier, lorſque la denſité de l'Éther eſt conſtante; le ſecond, lorſqu'elle eſt variable & reciproquement proportionelle aux quarrés des diſtances au Soleil.

I. *Cas, lorſque la denſité de l'Éther eſt conſtante.*

§. 21. Soient r le raion vecteur qui dans l'ellipſe primitive PHKQ repondroit à l'angle x, s l'arc elliptique correſpondant au même angle; & pour abreger, nommons $2a$ le grand axe PK qui a pour valeur $2f+c$, $2b$ le ſecond axe HQ qui a pour valeur $2\sqrt{[ff+fc]}$: on aura, comme on ſait, $r=\frac{2bb}{2a+c\ \text{coſ.}x}$, $ds=2bbdx\frac{\sqrt{[4aa+cc+4ac\,\text{coſ.}x]}}{(2a+c\ \text{coſ.}x)^2}$.

donc à cauſe de $\rho=0$, on aura (§. 5.),

$$X=S.\frac{2bbdx\sqrt{[4aa+cc+4ac\,\text{coſ.}x]}}{(2a+c\ \text{coſ.}x)^2}$$

$$dX\text{ſin.}\,x=\frac{2bbdx\,\text{ſin.}x\sqrt{[4aa+cc+4ac\,\text{coſ.}\,x]}}{(2a+c\ \text{coſ.}x)^2},$$

$$dX\ \text{coſ}\cdot x=\frac{2bbdx\,\text{coſ.}\,x\sqrt{[4aa+cc+4ac\ \text{coſ.}x]}}{(2a+c\,\text{coſ.}\,x)^2},$$

Ainſi l'on aura par les ſeries ou par les quadratures l'expreſſion générale & indeterminée de r. Je n'ai pas beſoin d'avertir qu'ici comme dans le §. 19, les integrales de dXſin. x & de dX coſ x, doivent être telles qu'elles s'evanouiſſent, lorſque $x = 0$.

§. 22. Les points du Périhélie & de l'Aphélie ſe déterminent en faiſant $\frac{dr}{dx}=0$, ou $\frac{dz}{dx}=0$, comme nous l'avons déja remarqué.

Or puiſque nous avons trouvé $z=\frac{2f+c}{2ff+2cf}+\frac{c\ \text{coſ.}\,x}{2ff+2cf}+\frac{n(2f+c)}{ff+cf}\times$

(X− cos. x.S. dX cos. x − sin. x.S. dX sin. x), on aura en général

$$\frac{dz}{dx} = \frac{-c \text{ sin. } x}{2ff+2cf} + \frac{n(2f+c)}{ff+cf} \text{ sin. } x.S.dX \text{ cos. } x - \frac{n(2f+c)}{ff+cf} \text{ cos. } x \times$$

S. dX sin. x

D'ou suit d'abord $\frac{dz}{dx} = 0$, lorsque $x = 0$. On aura aussi $\frac{dz}{dx} = 0$,

lorsque $z = 360°$, $x = 2.\ 360°$, $x = 3.\ 360°$, &c. Car le terme

Fig. 3. S. dX sin. x qui seul peut faire quelque difficulté, est alors égal à zero. En effet si l'on construit une courbe PMONA dont l'abscisse PB = X, l'ordonnée BM = sin. x, il est évident que puisque x & X sont zero en même tems, cette courbe après une révolution entiere de la Planete sera composée de deux parties PMO, ONA parfaitement égales & semblables, mais posées en sens contraire de l'axe ; d'où il suit que l'aire totale sera zero, lorsque $x = 360°$. On prouvera de même que l'aire = 0, lorsque $x =$

$2.360°$, $x = 3.360°$, &c. Par conséquent on aura toujours $\frac{dz}{dx} = 0$,

lorsque $x = 0$, $x = 360°$, $x = 2.\ 360°$, &c. Donc le lieu du Périhélie est fixe dans le Ciel ; donc *si ce point a quelque mouvement, la résistance de l'Éther n'en sauroit être la cause.*

§. 23. l'Aphélie est immobile aussi ; car on a pour déterminer ce point

$$0 = \frac{-c \text{ sin. } x}{2ff+2cf} + \frac{n(2f+c)}{ff+cf} \text{ sin. } x.S.\ d\ X \text{ cos. } x - \frac{n(2f+c)}{ff+cf} \text{ cos. } x \times$$

S. dX sin. x, ou bien sin. $x = -\frac{2n(2f+c) \text{ cos. } x.S.\ dX \text{ sin. } x}{c+2n(2f+c).S.\ dX \text{ cos. } x}$, ou

bien enfin

$$\text{sin. } x = \frac{-2n(2f+c) \text{ cos. } x.S.\ d\ X \text{ sin. } x}{c}.$$

Or puiſque n eſt une très-petite quantité, il eſt évident que ſin. x eſt auſſi très petit, que par conſéquent x eſt à peu près de 180°; d'ou reſulte auſſi à peu près coſ. $x = -1$. Il n'eſt pas moins clair qu'en faiſant ſucceſſivement $x = 180^\circ$, $x = 180^\circ + 360^\circ$, $x = 180^\circ + 2.\ 360^\circ$, $x = 180^\circ + 3.\ 360^\circ$, &c. la valeur de la quantité S. dX ſin. x eſt toujours une aire égale à l'aire partielle PMO. Donc ſi l'on ſuppoſe l'arc compris entre le premier Perihélie & le premier Aphélie $= \xi$, la circonference entière $= \theta$, la Planete ſera Aphélie non ſeulement lors qu'on aura $x = \xi$, mais encore lorſqu'on aura $x = \xi + \theta$, $x = \xi + 2\theta$, $x = \xi + 3\theta$, &c. *Donc le lieu de l'Aphélie eſt immobile.*

§. 24. Il eſt aiſé de déterminer la quantité S. ſin. $x\, d$X d'ou dépend la poſition de l'Aphélie; car ſuppoſant $2a + c$ coſ. $x = \frac{2}{q}$, & pour abreger le calcul, $4aa - cc = hh$, $\frac{8a}{hh} = \text{A}$, on aura $d\,\text{X}\ \text{ſin.}x = \frac{bbh}{c} \times \frac{(\text{A}dq - qdq)}{\surd[\text{A}q - qq]}$ dont l'integrale eſt $\frac{bbh \surd[\text{A}q - qq]}{c} + \frac{bbh}{c} \times \text{S.}\ \frac{\text{A}\,dq}{2\surd[\text{A}q - qq]} + \text{C}$. la conſtante C doit être telle que l'integrale s'évanouiſſe lorſque $x = 0$. Or la ſuppoſition de $x = 0$ donne $q = \frac{2}{2a+c}$; d'ou il ſuit qu'alors la partie. . . $\frac{bbh \surd[\text{A}q - qq]}{c} = \frac{2bb}{c}$, & que l'arc S. $\frac{\text{A}\,dq}{2\surd[\text{A}q - qq]}$ devient un arc conſtant que j'appelle D dont le ſinus verſe $= \frac{2}{2a+c}$ pour le raion $\frac{\text{A}}{2}$. Ainſi on aura en général S. dX ſin. $x = \frac{bbh}{c} \times \surd[\text{A}q - qq]$

$-\frac{2bb}{c} - \frac{bbh}{c} \times \left(D - S. \frac{Adq}{2\sqrt{[Aq-qq]}}\right)$. Or lorsque $x = 180°$,

on a $q = \frac{2}{2a-c}$, & l'arc S. $\frac{Adq}{2\sqrt{[Aq-qq]}}$ devient un arc constant que je nomme G dont le sinus verse $= \frac{2}{2a-c}$ pour le raion $\frac{A}{2}$. Donc alors on aura S. d X sin. $x = \frac{bbh}{c} \times (G - D)$; donc le lieu de l'Aphelie est déterminé par l'équation

$$\text{sin. } x = \frac{2nbbh(2f+c)(G-D)}{cc}.$$

Parconséquent si l'on prolonge PS (*Fig.*2), & qu'on fasse l'angle ASK tel qu'il ait pour sinus la quantité qu'on vient de trouver, la Planete sera toujours Aphélie, lorsqu'elle passera au point A.

Il est évident que comme l'angle ASK est très-petit, on peut considerer PSA comme une seule & même ligne droite qui sert de grand axe à l'orbite PMAN.

§. 25. L'expression générale du raion vecteur est (§. 19)

$$r = \frac{2ff+2cf}{2f+c+c\text{cos. } x} - \frac{4n(ff+cf)(2f+c)}{(2f+c+c\text{cos.}x)^2} \times \left(X - \text{cos. } x \text{.S.cos. } x\ dX - \text{sin. } x\text{.S. sin. } x\ dX\right).$$

Pour déterminer le grand axe de l'orbite après un nombre donné de révolutions, il faut savoir ce que deviennent les quantités cos. x. S. dX cos. x, sin. x .S. dX sin. x, lorsque la Planete est Périhélie & Aphélie. Or

Fig. 4. 1°. On a toujours, comme on l'a déja vu, S. d X sin. $x = 0$, lorsque $x = 0$; $x = 360°$, $x = 2. 360°$. &c. Pour savoir ce que devient S. dX cos. x dans les mêmes hypotheses, soit construite une courbe KMOHQN dont l'abscisse P B $=$ X, & l'ordonnée BM $=$ cos. x. Il est clair d'abord qu'on aura S. dX cos. $x = 0$, lorsque $x = 0$. Mais si l'on fait $x = 360°$ ou X $=$ PA, la quantité

quantité $S.dX$ cof. x fera égale à la fomme des deux aires pofitives PKO , A N Q , moins l'aire négative O H Q. Ces aires font telles que fi par le Foyer S de l'ellipfe primitive PHKQ (*Fig.*2), on mene la double ordonnée FG, on aura l'arc elliptique FPG (*Fig.*2) = PO + QA (*Fig.* 4), & l'arc elliptique FKG (*Fig.* 2) = OQ (*Fig.* 4). Parconféquent fi l'on nomme H l'aire PKMOHQNA, ou plûtot le quotient de cette aire divifée par le finus total qui eft l'unité, il eft vifible qu'on aura

cof. x. $S.dX$ cof. $x =$ H, lorfque $x = 360^\circ$,

cof. x. $S.dX$ cof. $x = 2$ H, lorfque $x = 2.360^\circ$,

cof. x. $S.dX$ cof. $x = 3$ H, lorfque $x = 3.360^\circ$,

cof. x. $S.dX$ cof. $x = 4$ H, lorfque $x = 4.360^\circ$,

&c.

2°. Lorfque $x = \xi$, le finus de cet arc eft très-petit, comme nous l'avons vû; ainfi puifque dans la valeur générale de r la partie fin. x. $S.dX$ fin. x eft affectée d'un coéfficient tres-petit, le produit pourra toujours être négligé, lorfque $x = \xi$, $x = \xi + 360^\circ$, $x = \xi + 2.360^\circ$ &c. Deplus on a dans ces mêmes fuppofitions, cof. $x = -1$ fenfiblement. On aura donc

cof. x. $S.dX$ cof. $x = -\frac{H}{2}$, lorfque $x = \xi$,

cof. x. $S.dX$ cof. $x = -\frac{H}{2} - H$, lorfque $x = \xi + 360^\circ$,

cof. x. $S.dX$ cof $x = -\frac{H}{2} - 2$ H, lorfque $x = \xi + 2.360^\circ$,

cof. x. $S.dX$ cof. $x = -\frac{H}{2} - 3$ H, lorfque $x = \xi + 3.360^\circ$;

&c.

Il fuit delà que fi l'on nomme I la circonference entière de l'ellipfe primitive, on aura

$$\left.\begin{array}{ll} r = f & \text{. . . . . . lorfque } x = 0 \\ r = f + c - \frac{n(f+c)(2f+c)}{f} \times \left(\frac{I+H}{2}\right) & \text{. . lorfque } x = \xi \end{array}\right\}$$

$$r = f - \frac{nf(2f+c)}{f+c} \times (I - H) \ldots \text{lorsque } x = 360^\circ$$
$$r = f + c - \frac{n(f+c)(2f+c)}{f} \times \left(\frac{3I+3H}{2}\right), \text{lorsque } x = \xi + 360^\circ$$

$$r = f - \frac{nf(2f+c)}{f+c} \times (2I - 2H), \ldots \text{lorsque } x = 2.\ 360^\circ$$
$$r = f + c - \frac{n(f+c)(2f+c)}{f} \times \left(\frac{5I+5H}{2}\right) \text{lorsque } x = \xi + 2.360^\circ$$

. . . .

$$r = f - \frac{nf(2f+c)}{f+c} \times (eI - eH), \ldots \text{lorsque } x = e.\ 360^\circ$$
$$r = f + c - \frac{n(f+c)(2f+c)}{f} \frac{(2eI+I+2eH+H)}{2}, \text{lorsque } x = \xi + e.360^\circ$$

Par conséquent, après la première révolution, le grand axe SPA de l'orbite (*Fig.* 2.) $= 2f + c - \frac{n(f+c)(2f+c)}{f} \times \left(\frac{I+H}{2}\right)$;

Et après le nombre donné e de révolutions, le grand axe =

$$2f + c - \frac{nf(2f+c)}{f+c} \times (eI - eH) - \frac{n(f+c)(2f+c)}{f} \times \left(\frac{2eI+I+2eH+H}{2}\right):$$

Or puisque H = S. dX cos. x, & que S. dX cos. x est évidemment moindre que S. dX, il est visible que *la résistance de l'Éther tend à diminuer sans cesse le grand axe de l'orbite.*

Quant à la distance des Foyers qui se trouve en retranchant le raion Périhélie du raion Aphélie, elle subira, après le nombre donné e de révolutions, une altération mais qui sera toujours très-petite. Il est même aisé de voir que s'il étoit permis de négliger les termes de l'ordre de nc, l'altération dont il s'agit seroit nulle ou dumoins insensible.

§. 26, Pour déterminer le tems de la révolution de la Planete, on a (§. 5.) l'équation $dt = \frac{rrdx.(1+nX)}{fm}$ qu'il ne s'agiroit que d'integrer, après avoir substitué pour r & X leurs valeurs. Cette opération peut s'éxécuter par les quadratures des courbes ou par les series. Si l'on employe ce dernier moyen qui est le plus simple, il faudra supposer, comme ci-dessus, le grand axe de l'ellipse primitive $= 2a$, c'est-à-dire $2a = 2f + c$, chasser f, & pousser l'approximation jusqu'à ce que la formule contienne telle puissance de c qu'on jugera suffisante. Lorsqu'il s'agira des Cometes, il faudra quelquefois aller jusques à la 7 me. ou la 8me. puissance de c. Je ne donne pas ce calcul qui n'a de difficulté que la longueur; mais voici un moyen de constater l'effet de la résistance de l'Éther, sans le secours de l'expression formelle du tems.

§. 27. Nous avons vu (§. 25) que la résistance de l'Éther tend à diminuer sans cesse le grand axe de l'orbite. Qu'on prenne deux révolutions distantes l'une de l'autre d'un intervalle considérable de tems; qu'on suppose, pour un moment, la résistance de l'Éther annéantie pendant chacune de ces révolutions, & qu'on nomme A & a les grands axes des deux orbites particulieres aux deux révolutions, T & T' leurs durées. On aura, comme on sait, $T : T' :: A^{\frac{3}{2}} : a^{\frac{3}{2}}$. Retablissons maintenant la résistance, & soient $T + t$, $T' + t'$ les tems des deux révolutions, (t & t' étant des quantités fort petites qui dépendent de la résistance). Il s'agit de prouver qu'on aura $T + t > T' + t'$, ou bien $T - T' + t - t' > 0$. Or c'est ce qui est évident, car $T - T' = T \times \left[\frac{A^{\frac{3}{2}} - a^{\frac{3}{2}}}{A^{\frac{3}{2}}}\right]$ est une quantité finie & positive, tandis que $t - t'$ ne peut être qu'une quantité presque infiniment petite.

§. 28. Delà ſuit encore une manière approchée de trouver le rapport du tems de la première révolution au tems de la dernière, la réſiſtance de l'Éther agiſſant toujours.

Soient T le tems de la première révolution, T' le tems de la e^{ne}. révolution. Je comprens maintenant dans ces tems les parties qui dépendent de la réſiſtance. Comme le Périhélie & l'Aphélie ſont immobiles, il eſt évident que dans la courbe décrite réellement par la Planete, chaque partie qui repond à une révolution entière peut être conſiderée, ſans erreur ſenſible, comme une ellipſe. Ainſi les tems T & T' ſeront encore ici comme les racines quarrées des cubes des grands axes de l'orbite dans les deux cas. On aura donc (§. 25)

$$T : T' :: \left[2f+c-\frac{n(f+c)(2f+c)}{f}\times\frac{(I+H)}{2}\right]^{\frac{3}{2}} :$$

$$\left[2f+c-\frac{nf(2f+c)}{f+c}\times(eI-eH)-\frac{n(f+c)(2f+c)}{f}\times\ldots\right.$$

$$\left.(2eI+I+2eH+H)\right]^{\frac{3}{2}}$$; d'ou l'on tire ſenſiblement

$$\frac{T'}{T}=1-\frac{3n(2ff+2cf+cc)}{2(ff+cf)}\times eI-\frac{3n(2cf+cc)}{2(ff+cf)}\times eH.$$

Mettant pour n ſa valeur $\frac{\beta(2f+c)}{2ff+2cf}$ (§. 4), cette équation deviendra

$$\frac{T'}{T}=1-\frac{3\beta(2f+c)(2ff+2cf+cc)}{4(ff+cf)^2}\times eI-\frac{3\beta c(2f+c)^2}{4(ffc+cf)^2}\times eH,$$

β étant, comme on l'a dit, le rapport de la réſiſtance que la Planete Périhélie éprouve, à la gravitation de cette même Planete ſur le Soleil. Cette formule ſera d'autant plus éxacte que e ſera un nombre plus grand.

(§ 29.

§. 29. On voit par cette même formule qui eſt principalement applicable au mouvement des Cometes, que ſi l'on connoiſſoit T & T' par les obſervations, on connoîtroit auſſi ϵ. Mais on ne peut rien établir de précis ſur ce ſujet, parceque la théorie du mouvement moyen des Cometes eſt preſque totalement inconnuë. On ne peut pas non plus faire ici de raiſonnement analogue à celui du §. 16. : car il n'y a point de Comete dont on connoiſſe la maſſe & le volume comme cette méthode le demanderoit. Neanmoins ſi l'on connoit à-peu-près le tems T' de la dernière révolution d'une Comete, on parviendra à connoître à-peu-près le tems T de la première révolution, & par conſéquent l'influence de l'Éther ſur le mouvement de la Comete, en comparant T' au tems de la dernière révolution d'une Planete ſur le mouvement de laquelle on connoit dejà l'influence de l'Éther, & obſervant que ces deux derniers tems ſont ſenſiblement proportionels aux racines quarrées des cubes des grands axes des deux orbites altérées par la réſiſtance de l'Éther. Par là on aura une ſeconde équation entre ϵ & T, laquelle étant comparée à celle du §. précédent fera connoitre ϵ & T. Il ſuffit d'indiquer ce calcul.

§. 30. Enfin les quantités I & H dont on a beſoin dans les calculs précédents ſont faciles à déterminer. Lorſqu'on employera pour cela la méthode des ſuites, il faudra, comme dans le §. 26. ſuppoſer $2a = 2f + c$, & chaſſer f. Dans la pratique, il ſera plus commode de déterminer I c'eſt-à-dire la circonference elliptique entière, par les méthodes que M. Jean Bernoulli a données dans ſon excellent mémoire *de motu reptorio*. L'approximation dont il s'agit eſt d'autant plus ſuffiſante que I eſt affectée du coéfficient très-petit de la réſiſtance. Quant à H, on remarquera d'abord que lorſque l'excentricité de l'orbite eſt petite, H eſt auſſi une très-petite quantité, & comme elle eſt affectée d'un très-petit coéfficient, on peut alors négliger tous les termes où elle ſe trouve. Lorſqu'au contraire l'excentricité de l'orbite eſt conſidérable, on déterminera la circonference elliptique PHKQ (*Fig.* 2), comme nous venons de le dire; enſuite on regardera l'arc PF comme un arc de parabole dont le Foyer eſt au point S, ce qui facilitera le calcul de l'arc FPG. Cet arc étant trouvé, on le retranchera de la circonference entière PHKQ, & on aura l'arc FKG. Maintenant dans la courbe KMOHQN (*Fig.* 4), on a (§. 25), P O ou QA = FP (*Fig.* 2), O Q (*Fig.* 4) = FKG (*Fig.* 2). Or il est évident qu'on peut considérer sans erreur sensible les espaces OPK, QAN comme deux quarts d'ellipse qui ont l'unité pour un de leurs demi-axes, & P O ou Q A pour l'autre demi-axe, tandis que O HQ sera regardé comme une demie-ellipse dont le grand axe est OQ, & l'unité le demi petit axe. Par la soustraction de cette demie-ellipse de la somme des deux quarts d'ellipse proposés, on aura H d'une manière suffisamment exacte. On voit assez que l'aire H est négative.

II. Cas, lorsque la densité de l'Éther est réciproquement proportionelle aux quarrés des distances au Soleil.

§. 31. En reprenant l'équation fondamentale $r = \frac{2ff+2cf}{2f+c+c\ \text{cos}.\ x}$ $- \frac{4n\ (ff+cf)\ (2f+c)}{(2f+c+c\ \text{cos}.\ x)^2} \times (X - \text{cos}.\ x.\ S.\ dX\ \text{cos}.\ x - \text{sin}.\ x.\ S.\ dX\ \text{sin}.\ x)$ du §. 19, & les dénominations du §. 21, on aura ici

$$X = S.\ \frac{dx\sqrt{[4aa+cc+4ac\text{cos}.\ x]}}{2bb}$$

$$dX\text{sin}.\ x = \frac{dx\text{sin}.\ x\sqrt{[4aa+cc+4ac\text{cos}.\ x]}}{2bb}$$

$$dX\ \text{cos}.\ x = \frac{dx\ \text{cos}.\ x\sqrt{[4aa+cc+4ac\text{cos}.\ x.]}}{2bb}$$

D'ou l'on voit qu'on pourra construire l'orbite. Il faut se souvenir qu'ici, à cause de $\rho = -2$, on a $n = \frac{6f(2f+c)}{2f+2c}$.

§. 32. Le Périhélie & l'Aphélie se déterminent par la même méthode qu'on a employée dans les §. 22 & 23. Il suffit seulement de savoir ce que devient S. dXsin. x, lorsque $x = 0$, $x = 360°$, $x = 2$.

360°, $x=3.360^\circ$, &c.; & lorſque $x=180^\circ$, $x=180^\circ+360^\circ$, $x=180^\circ+2.360^\circ$, $x=180^\circ+3.360^\circ$, &c. Or l'intégrale de dXſin. x

ou de $\frac{dX\text{ſin.}\,x\sqrt{[4aa+cc+4ac\,\text{coſ.}\,x]}}{2bb}$ eſt en général

$-\frac{(4aa+cc+4ac\,\text{coſ.}\,x)^{\frac{3}{2}}}{12bbac}+$ A. La conſtante A doit être telle que

$x=0$ rende S.dXſin. $x=0$. Ainſi on aura généralement

$$\text{S.}dX\text{ſin.}\,x=\frac{(2a+c)^{3}-(4aa+cc+4ac\,\text{coſ.}\,x)^{\frac{3}{2}}}{12abbc}$$

Maintenant il eſt viſible 1°. que S.dXſin. $x=0$ non ſeulement lorſque $x=0$, mais encore lorſque $x=360^\circ$, $x=2.360^\circ$, $x=3.360^\circ$, $x=4.360^\circ$, &c. 2°. On a conſtamment S.dXſin. $x=$

$\frac{12aa+cc}{6abb}$, lorſque $x=180^\circ$, $x=180^\circ+360^\circ$, $x=180^\circ+2.360^\circ$, $x=180^\circ+3.360^\circ$, &c. D'ou l'on conclura que *le Périhélie & l'Aphélie ſont encore immobiles.*

§. 33. On démontrera, comme dans le §. 25. que la réſiſtance de l'Éther tend à diminuer le grand axe de l'orbite. Toutes les remarques qu'on a faites ſur le cas précédent, s'appliquent ici, pourvû qu'à la place de I & de H, l'on mette les valeurs de X & de S.dXcoſ. x, lorſque $x=360^\circ$, & qu'à la place de n on mette $\frac{6f(2f+c)}{2f+2c}$. Il feroit ſuperflu de s'étendre davantage ſur ce ſujet.

SECONDE PARTIE

Détermination du mouvement des Satellites dans un milieu peu résistant.

§. 34. De tous les Satellites des Planetes, la Lune est le seul dont la théorie soit assez connuë pour éxaminer si on ne pourroit pas expliquer par la résistance de l'Éther l'accélération que l'on observe dans son moyen mouvement, & dont il ne paroit pas que le sistême Neutonien ait jusqu'ici rendu raison. Ainsi dans tout ce que je vais dire, je n'aurai en vûë que cet astre, quoique nos recherches soient d'ailleurs également appliquables à tout autre Satellite. Je ferai même deux suppositions qui simplifient le problême sans le restraindre au de-là des bornes nécessaires, la premiére que les orbites de la Terre & de la Lune sont dans un même Plan, la seconde que la densité de l'Éther est la même dans toute l'étenduë de l'espace qui renferme les orbites de la Terre & de la Lune.

PROBLÉME FONDAMENTAL.

Fig. 5. §. 35. *Déterminer l'orbite de la Lune autour de la Terre, en supposant la Lune soumise à l'attraction de la Terre, & à la résistance de la matière Éthérée.*

SOLUTION.

Soient XTY l'orbite de la Terre T autour du Soleil S, A le point où la Terre se trouve au premier instant du mouvement, *pmnz* l'Éllipse rigoureuse que la Lune décriroit dans le vuide autour de la Terpre, & dont le grand axe *pn* fait avec le Raïon SA de l'orbite terrestre l'angle donné SA*n*, le Périgée *p* le point où commence le mouvement de la Lune. Supposons qu'au bout d'un certain tems la

Terre ſoit parvenuë en T, la Lune au point L de ſon orbite PMNZ; & ſoit tirée par le point T la droite PN parallele à *pn*. Soient menées par les points T & L, les tangentes T&, LI des orbites terreſtre & lunaire ; enſuite ayant pris LV parallele à T & pour répréſenter la viteſſe de la Terre, & LI pour repréſenter la viteſſe de la Lune, ſoit achevé le parallelogramme LUDI. Il eſt évident que la Diagonale LD répréſentera la viteſſe de la Lune dans l'eſpace abſolu. Ainſi la réſiſtance que l'Éther oppoſe à la Lune ſera en partie proportionelle au quarré de LD, & ſera dirigée dans le ſens DL. Soit repréſentée cette réſiſtance par LE, & qu'on la décompoſe en deux autres forces repréſentées par les cotés LF, LH du Parallelogramme LFEH qui eſt tel que la force LF eſt égale à la réſiſtance que l'Éther oppoſe à la Terre. La Lune ſubira ainſi de la part de l'Éther les deux forces LF, LH. Or ſi la Terre & la Lune n'éprouvoient l'une & l'autre que la ſeule force LF, elles conſerveroient toujours entr'elles la même ſituation, & la Lune n'auroit pas de mouvement par rapport à la Terre. Il n'y a donc que la ſeule force LH qui trouble le mouvement de la Lune autour de la Terre. Parconſequent en n'ayant égard qu'à cette force, on pourra à chaque inſtant conſidérer la Terre comme fixe; & ſi l'on décompoſe la force LH en deux autres LR, LK, dont la première ſoit dirigée (ainſi que l'eſt l'attraction de la Terre), ſuivant le raion vecteur de la Lune, la ſeconde ſuivant l'élément L*l* de ſon orbite, les deux équations (E) & (F) du §. 2. ſeront appliquables au problême que nous traitons. Cela poſé,

Soient
- L'élement du tems . . . . . . $= dt$
- L'élement L*l* de la courbe PMNZ . . . . . $= ds$
- Le raion vecteur TL . . . . . . $= r = \frac{1}{z}$
- L'angle PTL . . . . $= x$
- L'angle AST . . . . $= y$
- L'angle conſtant & donné POA. . . . . $= \gamma$
- L'angle ST & qui differe peu d'un droit. . . . . $= \delta$
- L'angle TLV ou *b*T&. . $= \delta + \gamma - y + x$ . . . $= q$
- L'angle DLV . . . . $= L$

Soient:

L'angle I L V ou D V Q	$=\mathrm{V}$
L'angle F E L ou H L E	$=\mathrm{E}$
La masse de la Terre	$=\mathrm{M}$
Celle de la Lune	$=\mathrm{N}$
Le raion du globe terrestre	$=\mathrm{B}$
Le raion du globe Lunaire	$=b$
La vitesse initiale de la Lune autour de la Terre . .	$=m$
Le raion vecteur initial A p de la Lune	$=f$
La distance Aa des Foyers de l'éllipse primitive $pmnz$	$=c$
La vitesse LV de la Terre parvenue en T	$=\mathrm{v}$
La vitesse LI de la Lune parvenue en L	$=u$
La force qui pousse la Lune vers la Terre	$=\mathrm{F}$
La force qui agit suivant l'élement de l'orbite Lunaire	$=\mathrm{K}$

On aura d'abord, comme dans le §. 2, les deux équations,

$$(\mathrm{E})\quad 2\,dr - \frac{r\,ddt}{dt} = -\frac{\mathrm{K}r\,dt^2}{ds}$$

$$(\mathrm{F})\quad ddz + z\,dx^2 - \mathrm{F}zz\,dt^2 = 0.$$

Soit P l'impulsion directe de la matière Étherée contre un Plan donné aa qui vient la choquer avec la vitesse m : il est clair qu'en nommant θ le rapport de la circonference au raion, on aura $force\ \mathrm{LF} = \frac{\mathrm{P}}{\mathrm{M}} \times \frac{\theta\mathrm{BBvv}}{4a^2m^2}$, $force\ \mathrm{LE} = \frac{\mathrm{P}}{\mathrm{N}} \times \frac{\theta bb \times \overline{\mathrm{LD}}^2}{4a^2m^2}$. Supposons $\frac{\theta bb}{4a^2} = 1$, $\mathrm{LD} = \mathrm{A}$; mettons pour mm sa valeur $\frac{2\mathrm{M}(f+c)}{f(2f+c)}$, & soit ϵ le rapport de la force $\frac{\mathrm{P}}{\mathrm{N}}$ à la gravitation de la Lune perigée sur la Terre, c'est-à-dire $\frac{\mathrm{P}}{\mathrm{N}} = \epsilon \times \frac{\mathrm{M}}{ff}$: On aura

$$Force\ \mathrm{LF} = \frac{\epsilon\,\mathrm{N}(2f+c)\,\mathrm{B}^2\mathrm{v}^2}{2\mathrm{M}f(f+c)\,b^2}$$

Force L E $= \frac{\text{б}\,(2f+c)\,A^2}{2f\,(f+c)}$.

Nous ferons pour abreger, $\frac{\text{б}\,N\,(2f+c)\,BB}{2\,Mf\,(f+c)\,bb} = \lambda$, $\frac{\text{б}\,(2f+c)}{2f(f+c)} = n$, de sorte que *force* L F $= \lambda vv$, *force* L E $= n\,A^2$, λ & n étant des Coefficiens constants & très-petits.

Maintenant, il est clair que *force* L K $=$ F E $\times \frac{\text{Sin. R L H}}{\text{Sin. T L I}}$, *force* L R $=$ F E $\times \frac{\text{Sin. H L K}}{\text{Sin. T L I}}$. Or 1°. sin T L I $= \frac{rdx}{ds}$. 2°. l'Angle R L H $= q -$ L $-$ E; & parconsequent sin. R L H $=$ sin. q cos. L cos. E $-$ sin. q sin. L sin. E $-$ cos. q sin. L cos. E $-$ cos. q cos. L sin. E. 3°. l'Angle H L K $=$ Ang. H L E $-$ Ang. I L D $=$ Ang. F E L $-$ Ang. L D Q $+$ Ang. V D Q (D Q étant perpendiculaire sur L Q), & par conséquent sin. H L K $=$ sin. L sin. E sin. V $+$ sin. L cos. E cos. V $-$ cos. L cos. E sin. V $+$ cos. L sin. E sin. V. On aura donc les valeurs de *force* L K, & de *force* L R. Mais il convient d'abord d'éliminer de ces valeurs, sin. E & cos. E. Pour cela, on remarquera qu'en abbaissant F G perpendiculaire sur L D, on a sin. E $= \frac{\text{F G}}{\text{F E}}$, cos. E $= \frac{\text{G E}}{\text{F E}} = \frac{\text{L E} - \text{L F. cos. L}}{\text{F E}}$. D'après toutes ces remarques, on trouvera

$$\textit{Force}\ \text{L K} = \frac{n\,A^2\,ds\,(\text{sin. } q \text{ cos. L} - \text{cos. } q \text{ sin L}) - \lambda\, vv\, ds \text{ sin } q}{rdx}$$

$$\textit{Force}\ \text{L R} = \frac{n\,A^2 ds\,(\text{sin. L cos. V} - \text{cos. L sin. V}) + \lambda vv ds \text{ sin. V}}{rdx}.$$

Par conséquent on aura

$$\text{K} = \frac{n\,A^2\,ds\,(\text{sin. } q \text{ cos. L} - \text{cos. } q \text{ sin. L}) - \lambda\, vv\, ds \text{ sin. } q}{rdx}.$$

$$\text{F} = \text{M}\,zz - \frac{n\,A^2 ds\,(\text{sin. L cos. V} - \text{cos L sin. V}) - \lambda vv\, ds \text{ sin. V}}{rdx}.$$

Pour éliminer A, ſin. V, coſ. V, ſin. L, coſ. L, on obſervera que A ou L D $= \sqrt{(vv + uu + 2\, vu \text{ coſ.} V)}$, que l'Angle ILQ ou DVQ = Ang. TLV – Ang. TLI, & que parconſéquent Sin. V $= -\frac{dr}{ds}\text{ ſin.}q - \frac{rdx}{ds}\text{ coſ. }q$, coſ. V $= -\frac{dr}{ds}\text{coſ. }q + \frac{rdx}{ds}\text{ ſin. }q$, ſin. L $= \frac{DQ}{DL} = \frac{u\text{ ſin. V}}{A}$, Coſ. L $= \frac{LV+VQ}{DL} = \frac{v}{A} + \frac{u\text{ coſ. V}}{A}$; d'où il ſuit qu'on aura d'abord (en conſervant encore A, pour abreger),

$$K = n\, A\, u + (n\, A v - \lambda\, v\, v)\text{ ſin. }q \times \frac{ds}{rdx},$$

$$F = M\, zz - (nA\, v - \lambda\, vv) \times \left(\frac{dr\text{ ſin. }q + rdx\text{ coſ. }q}{rdx}\right).$$

Comme on peut ſubſtituer dans tous les termes affectés du coefficient de la réſiſtance, à la place de v, u, ds, dr, rdx, ſin. q, coſ. q, les valeurs que ces quantités auroient ſi la Terre & la Lune ſe mouvoient dans le vuide; & que dans ce dernier cas les quantités dont il s'agit ſeroient des fonctions données, ſoit de l'Angle x, ſoit de Sinus & Coſinus d'Angles dependants de x, il eſt viſible qu'en operant ſur l'équation $2dr - \frac{rddt}{dt} = \frac{Krd^2}{ds}$ préciſément de la même manière qu'on a fait (§. 5.), on trouvera une équation de cette forme $dt^2 = \frac{r^4 dx^2 (1 + 2\,\psi.X)}{f^2 m^2}$, dans laquelle X déſigne une fonction compoſée de l'Angle x, de ſinus & coſinus d'angles dependans de x : ψ tient lieu des Coefficiens n & λ qui affecteroient les différens termes de X. Mettant cette valeur de dt^2 dans l'équation $ddz + zdx^2 - Fzz\, dt^2 = 0$; mettant auſſi pour F ſa valeur $M\, zz - \psi' X'$ (dans laquelle X' eſt une fonction analogue à X, ψ' un Coéfficient analogue à ψ), on aura $ddz + zdx^2 - \frac{(M + 2\psi.M.X)}{ffmm} dx^2 + \frac{\psi'.X'.\, r^4\, dx^2}{ffmm} = 0$; & comme on peut encore mettre dans le dernier terme à la place de r la valeur de r dans le vuide, il s'ensuit qu'on parviendra à une équation de cette forme $ddz + zdx^2 - Xdx^2 = 0$, X étant une fonction de x. Cette équation s'intégre par la méthode générale du §. 19. Quelle que soit donc l'excentricité primitive de l'orbite lunaire autour de la Terre, & quelle que soit l'orbite de la Terre autour du Soleil, on trouvera toujours par notre méthode l'orbite de la Lune autour de la Terre, en ayant égard à la résistance de l'Éther. *C. Q F. T.*

§. 36. Pour ne pas compliquer ici inutilement les calculs que nous venons d'indiquer, il faut observer que dans cette recherche on peut, sans craindre aucune erreur sensible, considérer l'orbite de la Terre comme circulaire, & l'orbite de la Lune comme circulaire à peu-près. Ainsi on pourra négliger tous les termes qui contiendroient la lettre c affectée du coéfficient de la résistance. Soient, outre les dénominations précédentes, g le raion primitif S A de l'orbite terrestre, μ la vitesse initiale de la Terre : on auroit dans le vuide, $dt = \frac{gdy}{\mu}$, ou $t = \frac{gy}{\mu}$. On auroit pareillement $t = \frac{fx}{m}$, si la Lune décrivoit dans le vuide un cercle rigoureux autour de la Terre. Par consequent dans tous les termes affectés du coéfficient de la résistance, on pourra supposer $y = \frac{f\mu}{gm} . x = px$, en faisant $\frac{f\mu}{gm} = p$, $v = \frac{gpdx}{dt}$, $u = \frac{fdx}{dt}$, $q = \gamma + \delta - y + x = \gamma + \delta + x - px$. De plus on peut faire l'angle constant $\gamma = 0$, en supposant pour cela que l'angle x commence lorsque le Soleil, la Terre & la Lune sont en ligne droite, & la Lune en opposition avec le Soleil ; ce qui n'est pas incompatible avec la supposition qu'on a déja faite que le mouvement commence, lorsque la Lune part du Périgée p de l'éllipse primitive : car comme l'orbite de la Lune est considerée ici comme presque circulaire, le Perigée peut être pris, sans erreur sensible, dans tel point qu'on voudra de l'orbite. Alors, à cause de $\delta = 90^{\circ}$ à très-peu près, on aura aussi à très-peu près sin. $q =$

col. $(x-px)$, cof. $q = -$ fin $(x-px)$. On aura donc

$$A^2 = \frac{dx^2}{dt^2} \times \left(g^2p^2 + ff + 2fgp \text{ cof. } (x-px)\right).$$

Dans cette expreſſion, le premier terme eſt beaucoup plus grand que les deux autres, & ſurtout que le ſecond ; car il eſt évident que $p = \frac{27^j\, 7^h\, 43^m}{365^j\, 6^h\, 9^m} = \frac{1}{13,368}$ à très peu près, & $g = 340f$ environ.

On pourra donc prendre ſenſiblement $A = \frac{dx}{dt}\,(gp + f\text{cof}(x-px))$.

Par conſequent on aura à très-peu près

$$K = \frac{dx^2}{dt^2}\left(nfgp + (nff + (n-\lambda)g^2p^2)\text{cof.}(x-px) + nfgp\text{cof.}(x-px)^2\right)$$

$$F = Mzz + \frac{dx^2}{dt^2}\left((n-\lambda)g^2p^2\text{fin}(x-px) + nfgp\text{fin}(x-px)\text{cof}(x-px)\right)$$

On peut même négliger dans la valeur de K le terme qui contient ff.

Maintenant l'équation $2dr - \frac{rddt}{dt} = -\frac{Krdt^2}{ds}$ donne $dt =$

$$\frac{rrdx}{fm}\left(1 + \frac{3ngpx}{2} + \frac{(n-\lambda)g^2p^2 \text{ fin. } (x-px)}{f(1-p)} + \frac{ngp \text{ fin. } (2x-2px)}{4(1-p)}\right);\; dt^2 = \frac{r^4dx^2}{f^2m^2} \times \left(1 + 3ngpx + \frac{2(n-\lambda)g^2p^2 \text{ fin. } (x-px)}{f(1-p)} + \frac{ngp \text{ fin. } (2x-2px)}{2(1-p)}\right).$$

Ainſi après avoir fait, pour abréger, $\frac{2}{2f+c} = h$, $\frac{2[n-\lambda]g^2p^2}{ff(1-p)} + \frac{(n-\lambda)g^2p^2}{ff} = \xi$, $\frac{2(n-\lambda)g^2p^2}{ff(1-p)} + \frac{ngp}{2f} = \psi$, on aura $ddz + zdx^2 - dx^2\left[h + \frac{3ngpx}{f} + \xi \text{ fin. } (x-px) + \psi \text{ fin. } (2x-2px)\right] = 0$.

D'où l'on tire (§. 19) $z = h + \frac{3ngpx}{f} + C \text{ fin. } x - B \text{ cof. } x + \frac{\xi \text{ fin. } (x - px)}{2p - pp} - \frac{\psi \text{ fin. } (2x - 2px)}{(1 - 2p) \times (3 - 2p)}$.

Les conftantes B & C doivent être telles que l'on ait $z = \frac{1}{f}$ lorfque $x = 0$, & $\frac{dz}{dx} = 0$, lorfque $x = 0$. La prémiére condition donne $\frac{1}{f} = h - B$, ou $B = h - \frac{1}{f} = \frac{2}{2f + c} - \frac{1}{f} = - \frac{c}{2ff + fc} = - \frac{c}{2ff}$ fenfiblement. La feconde donne $C = - \frac{3ngp}{f} - \frac{\xi(1 - p)}{2p - pp} + \frac{\psi(2 - 2p)}{(1 - 2p)(3 - 2p)}$. On aura donc (en confervant C, pour abreger l'expreffion),

$$r = f + \frac{c}{2} - \frac{c}{2} . \text{cof. } x - 3nfgpx - Cff \text{ fin. } x - \frac{\xi ff \text{ fin. } (x - px)}{2p - pp} + \frac{\psi ff \text{ fin. } (2x - 2px)}{(1 - 2p)(3 - 2p)} .$$

§. 37. Je ne m'arrète point à expliquer en détail la maniere de déterminer, au moyen de cette équation, le lieu du Périgée & de l'Apogée ; cela eft trop facile après tout ce qui précede. Je me contenterai de remarquer qu'ici la ligne des Apfides a quelque mouvement ; mais ce mouvement eft une fimple *nutation*, parcequ'il ne renferme point d'arcs de cercle dans fon expreffion ; d'où il fuit qu'il ne peut pas être obfervable.

§. 38. Nous avons trouvé $dt = \frac{rrdx}{fm} \times \left(1 + \frac{3ngpx}{2} + \frac{(n - \lambda) g^2 p^2 \text{ fin. } (x - px)}{f(1 - p)} + \frac{ngp \text{ fin. } (2x - 2px)}{4(1 - p)}\right)$ équation qui s'intégrera, aprés avoir mis à la place de r sa valeur trouvée (§. 36). Mais pour s'épargner la peine de calculer les termes qui doivent être negligés dans la suite, on observera que comme il s'agit de trouver l'effet de la résistance de l'Éther sur un grand nombre de révolutions, on doit conserver seulement, dans la valeur de t, les termes qui contiennent des arcs de cercle & rejetter tous ceux qui contiennent des sinus ou des cosinus, parceque le résultat de ces derniers, en partie positifs, en partie négatifs, est évidemment très-petit en comparaison du résultat des autres. Deplus on doit toujours continuer de negliger tous les termes qui contiendroient le quarré de c, le produit de c par le coéfficient de la résistance, enfin le quarré du coéfficient de la résistance. Ainsi on prendra simplement $dt = \frac{dx}{fm}(ff+cf-\frac{9}{2}nffgpx)$ dont l'intégrale est $t = \frac{(f+c)x}{m} - \frac{9nfgpxx}{4m}$.

§. 39. Donc si l'on nomme θ la circonference entiere pour le raion 1, & qu'on raisonne, comme on a fait §. 14, on trouvera que le tems de la prémiere révolution est exprimé par $\frac{(f+c)\theta}{m} - \frac{9nfgp\theta^2}{4m}$; que le tems d'un nombre e de révolutions est exprimé par $\frac{(f+c)e\theta}{m} - \frac{9nfgpe^2\theta^2}{4m}$; que le tems de la e[me] révolution seule est exprimé par $\frac{(f+c)\theta}{m} - \frac{9nfgp(2e-1)\theta^2}{4m}$.

Donc en nommant T le tems de la premiere révolution, T' le tems de la e[me] révolution, on aura $\frac{T-T'}{T} = \frac{9nfgp(2e-2)\theta}{f+c}$, d'où l'on tire, en mettant pour n sa valeur $\frac{\epsilon(2f+c)}{2f(f+c)}$ (§. 35),

$\epsilon =$

$\epsilon = \left(\frac{T - T'}{T}\right) \times \frac{4f}{9gp(2e-2)\theta}$, formule analogue à celle que nous avons donnée (§. 14) pour les planetes principales.

§. 40. Pour trouver une formule analogue à celle du §. 15, on obſervera qu'en vertu du §. 39, le tems d'un nombre e de révolutions ſeroit exprimé par $\frac{(f+c)e\theta}{m} - \frac{9nfgpe^2\theta^2}{4m}$; & comme le tems du même nombre de révolutions ſeroit exprimé par $\frac{(f+c)e\theta}{4m}$, en faiſant abſtraction de la réſiſtance de l'Éther, il s'enſuit que $\frac{9nfge^2\theta^2}{4m}$ eſt la quantité dont la réſiſtance de l'Éther diminuë le tems propoſé. Donc ſi l'on ſuppoſe que le lieu moyen de la Lune à la e^me^. révolution ſoit plus avancé qu'à la premiere révolution, de la quantité E, on trouvera par un calcul pareil à celui du §. 15,

$\epsilon = \frac{E}{360^\circ} \times \frac{4f}{9gpe^2\theta}$, ſenſiblement.

§. 41. Suppoſons enfin que par la théorie des mouvements moyens de la Lune on connoiſſe la quantité E pour une ſuite d'années, & qu'il faille déterminer la quantité analogue *E* pour la Terre. La queſtion eſt facile à réſoudre. Nommons P & *P* les impulſions abſoluës & directes que la Lune & la Terre reçoivent de la matiere Étherée ſous les viteſſes m & μ; G la gravitation de la Lune ſur la Terre; *G* la gravitation de la Terre ſur le Soleil; ε le nombre des révolutions de la Terre, tandis que e eſt celui des révolutions de la Lune. On aura, $\frac{P}{N} : \frac{P}{M} :: \frac{b^2m^2}{N} : \frac{B^2\mu^2}{M}$. Or [§. 35 & 40], $\frac{P}{N} = \epsilon \times \frac{E}{360^\circ} \times \frac{4f}{9gpe^2\theta}$, & [§. 15], $\frac{P}{M} =$

I

$G \times \frac{E}{360^\circ} \times \frac{2}{3\epsilon^2 \theta}$. Deplus $\epsilon = pe$, & $G : G :: \frac{mm}{f} : \frac{\mu\mu}{g}$. On aura donc

$$E = E \times \frac{2pB^2 N}{3b^2 M} = \frac{E}{103{,}576}$$ sensiblement, en supposant que la masse de la Lune est $\frac{1}{70}$ de celle de la Terre, & que le raion du globe lunaire est les $\frac{3}{11}$ du raion du globe terrestre. On verra bientôt l'usage de cette formule.

TROISIEME PARTIE.

Application des formules précédentes aux observations.

§. 42. NOus avons vu que la résistance de l'Éther ne peut imprimer aucun mouvement aux Périhelies & aux Aphélies des Planetes ou des cometes, mais qu'elle altére les grands axes des orbites & les tems des révolutions. Ainsi en comparant sur ces deux derniers points seulement la théorie avec les observations, on parviendra à connoître l'éffet de cette même résistance. Je ne parle pas ici de la petite variation qu'elle produiroit dans l'excentricité des orbites planetaires & cometaires : Cette variation n'est pas suffisante pour établir ou pour infirmer l'existence de la cause dont il s'agit.

§. 43. Puisque la résistance de l'Éther diminue le grand axe des orbites planetaires & cometaires [§. 25.], il s'ensuit que si l'Éther résiste en effet, les Astronomes doivent dans la suite des siécles appercevoir quelque variation dans les diametres apparents des planetes & des cometes. Par exemple, la Terre doit se rapprocher du Soleil, & le Diamêtre du Soleil doit nous paroître plus grand.

On objectera peut-être que comme nous avons négligé plusieurs quantités, à la vérité très-petites, dans nos solutions, tout ce qu'on peut conclure, c'est que la Planete ou la Comete s'approchera du Soleil pendant un certain tems. Mais il est aisé de voir que faisant un calcul pareil, après le nombre de révolutions proposé, on trouvera encore que la Planete ou la Comete s'approche du Soleil. Ainsi il est constant que la résistance de l'Éther tend à rapprocher sans cesse les Planetes & les Cometes du Soleil.

Suivant cette Théorie, il pourra se faire que certaines Cometes qui décrivent des orbites trés-allongées, & qui à leur Périhelie passent très-près du Soleil, finissent par se précipiter dans cet astre.

§. 44. Mais la résistance de l'Éther, si elle a lieu, doit principalement se manifester dans les altérations des tems des révolutions périodiques des Planetes & des Cometes. Voyons d'abord ce que les observations nous apprennent sur ces altérations. Je commence par la Terre.

Toutes les observations de Ptolémée indiquent une accéleration dans le mouvement moyen de la Terre. Selon cet Astronome, l'année tropique moyenne est de 365 jours 5 heures 55 minutes, au-lieu que par les meilleures observations modernes, elle est simplement de 365 jours 5 heures 48 minutes 48 à 50 secondes. On trouve aussi à très-peu de chose près cette derniere durée par la comparaison des observations d'Hypparque qui vivoit plus de 200 ans avant Ptolémée, avec les observations modernes. Voyez les élements d'astronomie de M. Cassini (*Paris*, 1740. *Tom.* 1. *pag.* 211 *& suiv.*). M. Euler admet, en conséquence des observations de Ptolémée, une accéleration de 1 degré 7 minutes en 2000 ans, dans le mouvement moyen de la Terre, & il en attribue la cause à la résistance de l'Éther. Voyez ses opuscules (*Berlin*, 1746). Au contraire M. Mayer, dans le Tome III des mémoires de l'Académie de Gottingue, conclut d'après deux observations arabes qui lui ont paru décisives en ce genre, que la grandeur de l'année solaire est constamment la même. Il établit l'année tropique moyenne, de 365 jours 5 heures 48 minutes 51 secondes. M. l'Abbé de la

Caille, ſans rien prononcer ſur l'éxiſtence de l'accéleration du mouvement moyen de la Terre, obſerve ſeulement (Mem. de l'acad. 1750) que les Aſtronomes qui ont cherché la grandeur de l'année par la comparaiſon des plus anciennes obſervations avec les obſervations modernes, n'ont pu déterminer la révolution (ſi en effet elle varie) que pour un tems moyen entre les deux obſervations qu'ils ont comparées & parconſéquent pour un tems aſſez éloigné du notre. C'eſt pourquoi il cherche la grandeur de l'année par la comparaiſon des obſervations modernes les plus exactes & les plus éloignées les unes des autres qu'il eſt poſſible; il trouve que l'année tropique moyenne doit être de 365 jours 5 heures 48 minutes 50 ſecondes au plus. La queſtion n'a pas été approfondie davantage; mais il paroit que tous les Aſtronomes s'accordent aujourd'hui à rejetter les obſervations de Ptolemée comme contraires à toutes celles qui les ont précédées & à toutes celles qui les ont ſuivies.

§. 45. M. de Maraldy, Oncle de l'Académicien qui porte aujourd'hui le même nom, a ſoupçonné le premier une rétardation dans le mouvement moyen de Saturne, & une accéleration dans le mouvement moyen de Jupiter; mais il croit qu'on ne doit abandonner l'hypoteſe de l'égalité des moyens mouvements que quand on y ſera forçé par une longue ſuite d'obſervations éxactes. M. Halley va plus loin : il ſuppoſe que dans l'intervalle de 2000 ans le mouvement moyen de Jupiter eſt accéleré de 3 degrés 49 min. & le mouvement moyen de Saturne, retardé de 9 degrés 15 min. Pluſieurs Aſtronomes revoquent en doute l'éxactitude de ces équations ſéculaires propoſées par Halley; ce qui fait voir que la matiere n'eſt pas ſuffiſamment éclaircie & qu'elle ne pourra l'être que par la poſterité. On ignore encore davantage ſi les mouvements moyens de Mercure, Venus & Mars ſont ſujets à quelques variations.

§. 46. Les altérations du mouvement moyen de la Lune ſont plus exactement déterminées que celles du mouvement des Planetes principales.

Il eſt indubitable que le mouvement moyen de la Lune s'accélere d'une maniere ſenſible. Cette accéleration eſt demontrée tant

par

par la comparaiſon des intervalles des Éclipſes obſervées il y a plus de vingt cinq ſiécles avec celles qui le furent il y a mille ans & avec celles que nous obſervons à préſent, que par les Époques des moyens mouvements des tables de la Lune conſtruites par les plus habiles Aſtronomes du dernier ſiécle, leſquelles ne peuvent plus ſervir aux calculs d'aujourd'hui à moins qu'on n'y ajoute des quantités aſſez ſenſibles. Tous les Aſtronomes conviennent du fait en général, quoiqu'ils ne s'accordent pas exactement ſur la grandeur de ces quantités. M. Mayer a dreſſé une table de ces ſortes d'équations ſéculaires de la Lune; mais ni lui, ni aucun Aſtronome n'en a aſſigné la cauſe phyſique.

§. 47. Pour moi, il me paroit qu'il ne faut pas chercher cette cauſe ailleurs que dans la réſiſtance de l'Éther. Voici mes raiſons.

1°. Dans la formule que les Géomêtres ont donnée par le principe de l'attraction, pour trouver le lieu de la Lune, il n'y a point de terme qui repréſente l'accélération du mouvement moyen. Cette accélération ne peut pas non plus s'attribuer à l'attraction paſſagère de quelque Comete, puiſqu'elle eſt conſtante & qu'elle eſt parconſéquent produite par une force toujours préſente & toujours agiſſante. Elle paroit donc juſques-ici inexplicable par le principe de l'attraction.

2°. L'éxiſtence de la matière éthérée dans les eſpaces céleſtes n'eſt pas douteuſe; car quand même on refuſeroit d'admettre autour du Soleil une atmoſphère à peu-près pareille à celle qui environne la Terre, il reſtera toujours dans les Cieux le fluide qui forme la lumiere. Or il eſt impoſſible de concevoir qu'un fluide, quelque rare qu'on le veuille ſuppoſer, n'oppoſe pas quelque réſiſtance au mouvement des corps qui le traverſent.

3°. Si on éxamine les équations ſéculaires de la Lune, on verra leur accord avec notre théorie. Dans la table de M. Mayer, comme dans nos formules, les diminutions du tems périodique, comptées du moment où la prémiére diminution eſt nulle, ou ce qui revient au même, les augmentations du tems périodique, comptées du moment où la prémiére augmentation eſt nulle, ſont ſenſiblement proportionelles aux quarrés des tems écoulés depuis l'Époque propoſée. Je dis *ſenſiblement*, car les petites quantités que nous avons négligées dans nos calculs, & les erreurs inévitables des obſervations, empêchent que ce rapport ne puiſſe être exact en toute rigueur. La Théorie s'accordera pareillement avec les obſervations, ſi l'on ajoute, avec quelques Aſtronomes, de très-petites quantités aux équations de M. Mayer. Or cet accord peut-il être l'éffet du hazard, & n'indique t'il pas clairement que l'altération du mouvement moyen de la Lune eſt l'éffet de la réſiſtance de l'Éther dont l'éxiſtence eſt d'ailleurs certaine?

4°. En admettant que l'accélération du mouvement moyen de la Lune eſt produite par la réſiſtance de l'Éther, on trouve, comme on le voit dans la table ſuivante, que l'accélération du mouvement moyen de la Terre, produite par la même réſiſtance, eſt très-petite & doit paroître inſenſible, dumoins pendant un long intervalle de tems; ce qui eſt conforme aux obſervations. L'explication que je propoſe eſt donc fondée ſur des obſervations directes & confirmée par des obſervations indirectes. Elle paroît donc inconteſtable.

§. 48. D'après les raiſons que je viens d'alléguer on ne peut gueres douter, ce me ſemble, que la réſiſtance de l'Éther n'altére le mouvement moyen de la Lune, & par une ſuite néceſſaire, celui de la Terre, puiſque ces deux Aſtres traverſent les mêmes régions dans les eſpaces céleſtes De l'altération du mouvement moyen de la Terre, on doit conclure par analogie celle du mouvement des autres Planetes principales. Toutes doivent éprouver ſenſiblement l'action de la matiere Étherée.

§. 49. En conſéquence de tout ce qui précéde, j'ai dreſſé la table ſuivante des équations ſéculaires des Planetes, produites par la réſiſtance de l'Éther.

La Colonne des équations ſéculaires de la Lune, qui ſert de fondement à toutes les autres, eſt tirée des tables de la Lune, de

M. Mayer. Pour en indiquer l'usage, supposons par exemple qu'il faille déterminer le lieu de la Lune pour un certain tems de l'année 600 avant J. C. Ayant trouvé par les tables, le lieu moyen de la Lune pour le tems proposé, on ajoutera à ce lieu moyen l'équation séculaire 59 minutes 4 secondes. Le lieu moyen ainsi corrigé, on déterminera le lieu vrai par les autres équations de la Lune.

La Colonne des équations séculaires de la Terre a été construite d'après celle de la Lune, au moyen de la formule du §. 41.

Les Colonnes pour Venus, Jupiter & Saturne ont été construites d'après celle de la Terre, au moyen de la formule du §. 17. Les éléments astronomiques, nécessaires pour ces calculs, ont été pris dans le 3e. livre *des principes mathématiques* 3e. édition. J'ai supposé de plus, avec quelques Astronomes, la masse de Venus égale aux deux tiers de celle de la Terre. On voit assez que les équations séculaires des Planetes principales doivent être employées de la même maniere que celles de la Lune.

En déduisant ainsi les unes des autres ces tables d'équations séculaires, on néglige des termes qui contiennent des sinus & des cosinus affectés du coéfficient de la résistance; mais il est évident que ces termes doivent être regardés comme infiniment petits.

Les équations séculaires de Jupiter & de Saturne ne sont calculées que pour des intervalles considérables de tems, parcequ'elles sont extrêmement petites. Si les densités de l'Éther n'étoient pas proportionelles aux quarrés inverses des distances au Soleil, comme nous l'avons supposé dans le passage d'une Planete principale à l'autre, mais qu'elles fussent constantes ou qu'elles suivissent toute autre loi donnée, les équations pour Jupiter & pour Saturne pourroient augmenter, tandisque celles de Venus diminueroient. Elles seroient toujours faciles à déterminer par nos méthodes (§. 16). Quant aux équations séculaires de la Terre, elles demeureroient toujours les mêmes, parcequ'elles sont déduites de celles de la Lune supposées connuës par les observations, & que la densité de l'Éther est la même, au moins sensiblement, dans toute l'étenduë de l'eſpace qui renferme les orbites de la Lune & de la Terre.

On ne trouvera point ici de table d'équations ſéculaires pour Mercure & Mars, parcequ'il conviendroit pour cela de connoître leurs maſſes qui ſont inconnuës, & que d'ailleurs la Théorie de leurs moyens mouvements n'eſt pas aſſez éclaircie. Il en eſt de même à plus forte raiſon des Cometes. Je me contente ſur ce ſujet d'avoir donné clairement & ſimplement toutes les formules analogyques du problême : l'uſage en ſera facile, lorſqu'on aura les obſervations néceſſaires pour établir un calcul réel & non hypothétique. J'obſerverai cependant en général que la réſiſtance de l'Éther ne peut produire qu'une très-légere altération dans le mouvement des Cometes, & qu'on ne peut nullement expliquer par ce moyen l'erreur de la prédiction de la Comete de 1682 en l'année 1759.

Équations séculaires du Mouvement Moyen des Planetes.

		Eq. Sécul. de la Lune.			Eq. Sécul. de la Terre	Eq. Sécul. de Venus.		Eq. Sécul. de Jupiter.	Eq. Sécul. de Saturne
	Années	Deg.	Min.	Sec	Sec.	Min.	Sec.	Sec.	Sec.
Avant J. C.	800	1	9	48	40,27	3	29,40	0, 28	0, 04
	700	1	4	19	37,11	3	12,95		
	600	0	59	4	34,08	2	57,20		
	500	0	54	3	31,18	2	42,15		
	400	0	49	15	28,40	2	27,75		
	300	0	44	40	25,81	2	14,00		
	200	0	40	19	23,26	2	00,95		
	100	0	36	11	20,87	1	48,55		
	0	0	32	16	18,61	1	36,80		
Après J. C.	100	0	28	35	16,49	1	25,75		
	200	0	25	7	14,49	1	15,35		
	300	0	21	53	12,62	1	05,65		
	400	0	18	52	10,88	0	56,62	0, 07	0, 01
	500	0	16	5	9,28	0	48,25		
	600	0	13	31	8,07	0	40,55		
	700	0	11	10	6,44	0	33,50		
	800	0	9	3	5,22	0	27,15		
	900	0	7	9	4,12	0	21,45		
	1000	0	5	28	3,15	0	16,40		
	1100	0	4	1	2,31	0	12,25		
	1200	0	2	48	1,61	0	8,40		
	1300	0	1	47	1,03	0	5,35		
	1400	0	1	0	0,58	0	3,00		
	1500	0	0	27	0,26	0	1,35		
	1600	0	0	7	0,07	0	0,35		
	1700	0	0	0	0,00	0	0,00	0, 00	0, 00
	1800	0	0	7	0,07	0	0,35		

CONCLUSION.

Il résulte des recherches précédentes une espece de supplement & de confirmation du sistême de la gravitation universelle. L'accélération du mouvement moyen de la Lune, jusques-ici *inexpliquée* par l'attraction, paroit être l'éffet de la résistance de l'Éther : les autres inégalités de la Lune inexplicables par les tourbillons carthesiens & par la résistance de l'Éther, sont produites par l'attraction. L'accélération du mouvement moyen de la Terre, qui est une suite de celle du mouvement moyen de la Lune, semble être indiquée par les observations. L'action de l'Éther sur les mouvements de Jupiter & de Saturne, ne peut devenir sensible qu'après une longue suite de siécles. Si donc les altérations des moyens mouvements de ces deux Planetes sont telles que quelques Astronomes le prétendent, elles sont produites par l'attraction. M. d'Alembert propose dans ses recherches sur le sistême du monde (tom. 2. pag. 94.) une idée très-ingénieuse pour expliquer la rétardation du mouvement moyen de Saturne. Concluons donc que les Astronomes ne sauroient déterminer avec trop de soin par les observations, les altérations des mouvements moyens, & que les Géometres ne sauroient faire trop d'éfforts pour séparer dans ces altérations la partie qui depend de l'attraction d'avec la partie qui depend de la résistance de l'Éther, & pour assigner à chacune de ces causes, l'effet réel qu'elle produit.

FIN.

DE L'ORBITE DES PLANETES DANS LE VUIDE.*

I.

TOutes les Planetes gravitent les unes vers les autres : les Satellites pesent sur leur Planete principale qui pese à son tour sur ses Satellites; chacun de ces corps pese sur le Soleil, & le Soleil pese sur chacun d'eux. Cette gravitation universelle & réciproque entretient le mouvement des corps célestes : elle est démontrée par tous les Phénomenes.

II.

Considerons d'abord le Soleil & une Planete seulement. Si ces deux Astres étoient livrés uniquement à l'attraction qu'ils exercent l'un sur l'autre, ils s'approcheroient & se reuniroient en une même masse. Mais qu'on leur donne à chacun des impulsions quelconques, ils decriront des courbes en vertu de ces impulsions combinées avec leurs attractions mutuelles. Neuton démontre* d'une maniere très-simple & sans calcul que les deux corps proposés décriront l'un autour de l'autre, & autour de leur centre de gravité, quatre courbes semblables. Les deux courbes que les deux corps decrivent l'un autour de l'autre sont de plus parfaitement égales, & sont les mêmes que si l'un des corps étant absolument immobile, l'autre se mouvoit autour de lui, avec les forces qui agissent sur les deux corps à la fois. On voit par là que lorsqu'on saura determiner la courbe que décrit un corps autour d'un point fixe en vertu d'une impulsion quelconque & d'une force qui tende sans cesse vers ce point fixe, on saura aussi déterminer les courbes que nos deux corps décrivent l'un autour de l'autre, & autour de leur centre de gravité.

* Je ne donne ce petit mémoire composé depuis long tems, que parcequ'il peut faciliter à quelques Lecteurs l'intelligence des recherches précédentes.

* Princip. Math. Lib. 1. Sect. XI.

Quant à l'état du centre de gravité, ou ce point demeure immobile, ou il se meut uniformément en ligne droite, de la même maniere que si les deux corps dépouillés de leurs attractions mutuelles obéissoient librement aux impulsions initiales qu'ils ont reçues. Cet état depend de la quantité & de la direction des impulsions initiales. Par exemple, si les deux corps reçoivent au premier instant, en sens contraire & suivant des directions paralleles, des vitesses qui soient en raison réciproque de leurs masses, le centre de gravité demeurera en repos. Dans tout autre cas, ce point se mouvra suivant les loix connues. Il est évident qu'il peut se faire de même que le centre de gravité de tous les corps qui composent l'univers soit en repos, ou qu'il se meuve uniformément en ligne droite.

III.

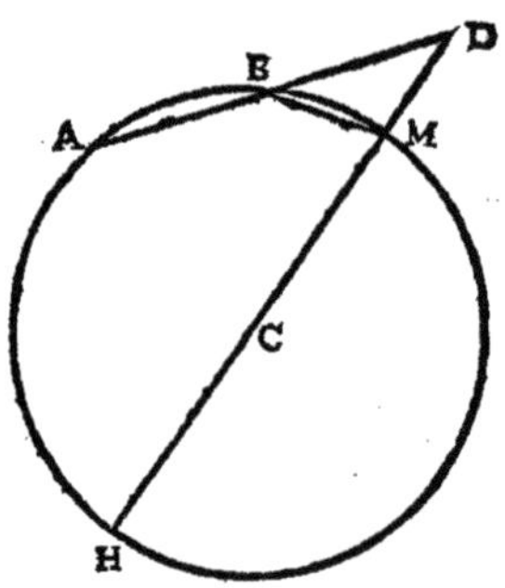

Cela posé, soit un corps qui décrive la circonférence de cercle AB MH, & qui soit parconséquent animé à chaque instant d'une force dirigée au centre C. Considerons la circonférence comme composée d'une infinité de petites lignes droites AB, BM &c. qui forment un polygone inscrit au cercle. Il est évident que si le corps après avoir parcouru AB, étoit livré à lui-même, il décriroit dans un second instant égal au premier, l'espace BD égal à AB & pris sur le prolongement de AB. Mais comme la force centrale ramene le corps en M, il est visible qu'en regardant BD & DM comme les vitesses uniformes produites dans le même tems par la force que le corps a en B, & par la force centrale, la droite DM pourra être considérée comme l'expression même de la force centrale. Or par la proprieté du cercle, $AD \times BD = DM \times DH$, ou bien $2(AB)^2 = 2DM \times CM$;

donc $DM = \frac{\overline{AB}^2}{CM}$, c'est-à-dire que *la force centrale dans le cercle*

est

proportionnelle au quarré de la vitesse du mobile, divisé par le raion du cercle : ce qui est le theorême de Huighens dont nous avons fait usage (§. 2. du mémoire precédent.)

IV.

Qu'il s'agisse maintenant de trouver la nature de la courbe PMN décrite en vertu d'une force quelconque tendante au point fixe S, combinée avec un mouvement d'impulsion, ce problême se résoudra très-aisément par les formules (E) & (F) du même §. qu'on vient de citer; car alors on a $K=0$, & l'équation (E) devient $2dr - \frac{rddt}{dt} = 0$, d'où l'on tire aisément $dt = Crrdx$. Pour déterminer la constante C, supposons qu'au point P pris pour l'origine de la courbe, le raion vecteur $SP = f$, le sinus de l'angle que fait l'élément de la courbe avec $SP = h$, la vitesse initiale $= m$: il est clair qu'on aura $\frac{fdx}{dt} = m$; mais on a en général $\frac{dx}{dt} = \frac{1}{Cff}$; donc $C = \frac{1}{mfh}$; donc $dt = \frac{rrdx}{mfh}$. Mettons cette valeur de dt dans l'équation (F); mettons aussi pour r sa valeur $\frac{1}{z}$; nous aurons $ddz + z\,dx^2 - \frac{F\,dx^2}{m^2f^2h^2z^2} = 0$. Multipliant tout par dz, integrant & séparant les indéterminées, on trouvera (N) $dx = \frac{dz}{\sqrt{\left(B - zz + 2\,S.\frac{F\,dz}{m^2f^2h^2z^2}\right)}}$, B étant une constante. Donc

$$dx = \frac{-dr}{r\sqrt{\left[Brr - 1 - 2rr\,S.\frac{F\,dr}{m^2f^2h^2}\right]}}.$$

La constante B est très-aisée à déterminer; car on a toujours

$\frac{rdx}{-dr} = \frac{1}{\sqrt{\left(Brr - 1 - 2rr\, S.\frac{Fdr}{m^2 f^2 h^2}\right)}}$. Or au point P où $r = f$, il eſt clair que $\frac{fdx}{-dr} = \frac{h}{\sqrt{(1-hh)}}$; donc ſi l'on ſuppoſe, en ce même point P, $S\frac{Fdr}{m^2 f^2 h^2} = H$, on aura l'équation $\frac{h}{\sqrt{(1-hh)}}$ $= \frac{1}{\sqrt{\left(Bff - 1 - 2ffH\right)}}$, de laquelle on tire $B = 2H + \frac{1}{f^2 h^2}$.

V.

Lorſque l'attraction eſt réciproquement proportionnelle aux quarrés des diſtances, (ce qui eſt la loi de la nature), on a $F = \frac{M}{rr} = M zz$ (M étant la ſomme des maſſes du Soleil & de la Planete); & l'équation (N) devient

$$dx = \frac{dz}{\sqrt{\left[B + \frac{2Mz}{m^2 f^2 h^2} - zz\right]}}$$, ou, en mettant pour B ſa valeur $\frac{1}{ffhh} - \frac{2M}{m^2 h^2 f^3}$,

$$dx = \frac{dz}{\sqrt{\left[\frac{1}{f^2 h^2} - \frac{2M}{m^2 h^2 f^3} + \frac{2Mz}{m^2 h^2 f^2} - zz\right]}}$$.

Soit $\frac{M}{m^2 h^2 f^2} - z = v$, on aura la transformée

$$dx = \frac{-dv}{\sqrt{\left[\left(\frac{1}{f^2 h^2} - \frac{2M}{m^2 h^2 f^3} + \frac{M^2}{m^4 f^4 h^4}\right) - vv\right]}}$$; d'où l'on ti-

re $v = \sqrt{\left[\frac{1}{f^2h^2} - \frac{2M}{m^2h^2f^3} + \frac{M^2}{m^4h^4f^4}\right]}$. Cof. $(x+D)$; donc

$$\frac{1}{r} = \frac{M}{f^2h^2} - \sqrt{\left[\frac{1}{f^2h^2} - \frac{2M}{m^2h^2f^3} + \frac{M^2}{m^4h^4f^4}\right]} \text{. Cof.}(x+D),$$

équation d'une ſection conique. L'arc conſtant D doit être déterminé par la condition que l'angle x commence en E.

VI.

Suppoſons que l'angle de projection ſoit droit, c'eſt-à-dire $h = 1$, Alors l'équation précédente devient $\frac{1}{r} = \frac{M}{f^2m^2} - \left(\frac{M}{f^2m^2} - \frac{1}{f}\right)$. Cof. x. Or on ſait que ſi l'on nomme f la diſtance périhélie SP(*Fig.* 2.) d'une ellipſe PHKQ, c la diſtance SO des foyers, r le raion vecteur, x l'anomalie vraie comptée depuis le périhélie, l'équation de cette ellipſe eſt $\frac{1}{r} = \frac{2f+c+c\,\text{coſ.}\,x}{2ff+2cf}$. Ainſi pour que l'équation $\frac{1}{r} = \frac{M}{f^2m^2} - \left(\frac{M}{f^2m^2} - \frac{1}{f}\right)$. Cof. x appartienne à l'ellipſe, & ſoit parconſéquent la trajectoire d'une Planete, il faut que l'on ait $\frac{M}{f^2m^2} = \frac{2f+c}{2ff+2cf}$, ou bien $mm = \frac{2M(f+c)}{2ff+cf}$, formule dont nous avons fait un fréquent uſage dans les recherches précédentes.

VII.

L'équation différentielle du tems étant ici $dt = \frac{rrdx}{fm}$, ſi l'on nomme T le tems total de la révolution de la Planete, θ le rapport de la circonférence au raion, il est clair que puisque alors la quantité $S\,\frac{rrdx}{2}$ exprime l'aire entiere de l'ellipse, on aura $T = \frac{\theta(2f+c)\sqrt{(ff+cf)}}{2fm}$, ou bien, en mettant pour m sa valeur $\frac{\sqrt{[2M(f+c)]}}{\sqrt{[2ff+fc]}}$, $T = \frac{\theta(2f+c)^{\frac{3}{2}}}{2\sqrt{2M}}$. D'où l'on voit que si plusieurs Planetes décrivent des ellipses autour du Soleil, & qu'on néglige la masse de chacune d'elles en comparaison de celle du Soleil, ou que M soit une seule & même quantité pour toutes les Planetes, les tems des révolutions de ces Planetes seront proportionels aux racines quarrées des cubes des grands axes des ellipses qu'elles décrivent.

VIII.

La même équation $T = \frac{\theta(2f+c)^{\frac{3}{2}}}{2\sqrt{2M}}$ ou $M = \frac{\theta^2(2f+c)^3}{8T^2}$ fait voir que si plusieurs corps décrivent des ellipses autour d'un même point ou de différents points, & qu'on nomme M les masses attractives, ces masses sont en raison composée de la directe des cubes des grands axes, & de l'inverse des quarrés des tems périodiques. C'est par-là que Neuton détermine le rapport de la masse du Soleil avec la masse des Planetes qui ont des Satellites, en considérant d'abord le Soleil comme le foyer d'une ellipse décrite par une Planete principale quelconque, ensuite la Planete principale qui a un Satellite, comme le foyer de l'ellipse décrite par le Satellite. Les masses de Mercure, Vénus, & Mars ne peuvent pas être déterminées ainsi, parceque ces Planetes n'ont pas de Satellites.

IX.

Pour trouver l'expression indéterminée du tems, on reprendra l'équation l'équation $dt = \frac{rrdx}{fm}$ dans laquelle on ſubſtituera pour r ſa valeur tirée de la nature de l'ellipſe. Mais pour mettre ce calcul ſous la forme que les Aſtronomes employent ordinairement, on remarquera que nommant 1 le demi grand axe C P de l'ellipſe PHKQ, b l'excentricité CS, T le tems total de la révolution de la Planete, θ le rapport de la circonférence au raion, on a $r = \frac{1-bb}{1+b\,\text{coſ.}x}$, $dt = \frac{T}{\theta\sqrt{(1-bb)}} \times rr\,dx = \frac{T}{\theta} \times \frac{(1-bb)^{\frac{3}{2}}dx}{(1+b\,\text{coſ.}x)^2}$; donc en faiſant $\frac{\theta t}{T}$, ou l'anomalie moyenne $= y$, on aura $dy = \frac{(1-bb)^{\frac{3}{2}}dx}{(1+b\,\text{coſ.}x)^2}$;

d'où l'on tire facilement $y = x - 2b\,\text{ſin.}\,x + \frac{3bb\,\text{ſin.}\,2x}{4} - \frac{b^3\,\text{ſin}\,3x}{3}$, expreſſion de l'anomalie moyenne par l'anomalie vraie. J'ai négligé dans ce calcul les termes qui contiendroient b^4 & les Puiſſances plus hautes de b; ce qui eſt ſuffiſant pour les Planetes; mais il faut pouſſer l'approximation plus loin pour les cometes.

X.

Le problème de Kepler, qui eſt l'inverſe du précédent, eſt un peu plus difficile. En voici une ſolution très-ſimple. Je continuerai de négliger b^4 & les puiſſances plus hautes de b : le procedé eſt le même, lorſqu'on veut pouſſer l'approximation plus loin.

Puiſqu'on a $dy = dx \frac{(1-bb)^{\frac{3}{2}}}{(1+b\,\text{coſ.}x)^2}$ ou $dx = dy\,(1 + b\,\text{coſ.}\,x)^2 \times (1-bb)^{-\frac{3}{2}}$, on trouvera, en faiſant dy conſtant,

$$\frac{dx}{dy} = 1 + 2bb + (2b + 3b^3)\,\text{coſ.}\,x + \frac{bb\,\text{coſ.}\,2x}{2},$$

$$\frac{d^3x}{dy^3} = -2bb - (2b + 18b^3)\,\text{coſ.}\,x - 8b^2\,\text{coſ.}\,2x - 11b^3\,\text{coſ.}\,3x,$$

$$\frac{d^5x}{dy^5} = 2bb + (2b + 78b^3)\text{cos}.x + 38b^2\text{cos}.2x + 185b^3\text{cos}.3x.$$

Maintenant supposons $x = y + A\,\text{sin}.y + B\,\text{sin}.2y + C\,\text{sin}.3y$, on aura, en faisant pareillement dy constant,

$$\frac{dx}{dy} = 1 + A\,\text{cos}.y + 2\,B\,\text{cos}.2y + 3\,C\,\text{cos}.3y,$$

$$\frac{d^3x}{dy^3} = -A\,\text{cos}.y - 8\,B\,\text{cos}.2y - 27\,C\,\text{cos}.3y,$$

$$\frac{d^5x}{dy^5} = A\,\text{cos}.y + 32\,B\,\text{cos}.2y + 243\,C\,\text{cos}.3y.$$

Donc en supposant que les deux angles x & y s'évanouissent, & que parconséquent leurs cosinus, ainsi que les cosinus de leurs multiples deviennent 1, on aura les trois équations,

$$A + 2B + 3C = 2b + \frac{5bb}{2} + 3b^3,$$

$$A + 8B + 27C = 2b + 10bb + 29b^3,$$

$$A + 32B + 243C = 2b + 40bb + 263b^3,$$

lesquelles donnent $A = 2b - \frac{b^3}{4}$, $B = \frac{5b^2}{4}$, $C = \frac{13b^3}{12}$, deforte que

$$x = y + \left(2b - \frac{b^3}{4}\right)\text{sin}.y + \frac{5b^2\,\text{sin}.2y}{4} + \frac{13b^3\,\text{sin}.3y}{12}.$$

XI.

Tels sont les principes généraux du mouvement elliptique, mais les planetes ne décrivent pas des ellipses en rigueur; car l'ellipse rigoureuse qu'une planete principale ou secondaire décriroit autour de sa Planete centrale, si ces deux corps existoient seuls dans l'univers, est sans cesse alterée par l'action des autres Planetes. En 1746 l'Académie Royale des sciences proposa pour sujet du prix de l'année 1748 la théorie des mouvements de Saturne & de

Jupiter. M. Euler remporta le prix. Pendant qu'il travailloit sur ce sujet, M M. D'Alembert & Clairaut s'occupoient de la théorie des mouvements de la Lune, qui est dans le fonds le même problême, desorte que ces trois illustres géomêtres donnerent en même tems & sans s'être rien communiqué la méthode générale pour déterminer les mouvements des corps céléstes en ayant égard a leurs attractions réciproques. Le Problême fut nommé en France *Problême des trois corps*, parcequ'il suffit d'avoir égard, dans la théorie de la Lune, aux attractions de la Terre, de la Lune & du Soleil, & dans la théorie de Saturne ou de Jupiter, aux attractions du Soleil, de Saturne & de Jupiter. Toutes les forces qui produisent le mouvement dans l'orbite de la Planete qu'on considére, peuvent toujours se réduire à deux forces ψ & P, dont la prémière est dirigée suivant le raion vecteur, la seconde est perpendiculaire au raion vecteur. L'équation générale qui détermine ce mouvement se tire sans peine de nos deux formules (E) & (F).

XII.

En effet, il est visible que la force P perpendiculaire au raion vecteur pourra se décomposer en deux autres, dont l'une dirigée suivant l'élément de la courbe aura pour valeur $\frac{P\,ds}{r\,dx}$, l'autre tendante au point S aura pour valeur $\frac{P\,dr}{r\,dx}$. Parconséquent si dans les deux équations (E) & (F), nous mettons $\frac{P\,ds}{r\,dx}$ à la place de $-K$, $\psi + \frac{P\,dr}{r\,dx}$ à la place de F, on aura les deux transformées

$$2\,dr - \frac{r\,ddt}{dt} = \frac{P\,dt^2}{dx},$$

$$ddz + z\,dx^2 - \left(\psi - \frac{P\,dz}{z\,dx}\right) zz\,dt^2 = 0.$$

Pour parvenir à une équation qui ne contienne ni dt, ni ddt, on mettra la premiere ſous cete forme

$dx^2\left(\frac{4r^2 dr\, dt^2 - 2r^4 dt\, ddt}{dt^4}\right) = 2\,S.P\, r^3 dx$, dont l'intégrale eſt $\frac{r^4 dx^2}{dt^2} = A + 2\,S.Pr^3 dx$; donc $dt^2 = \frac{r^4 dx^2}{A + 2S.Pr^3 dx} = \frac{dx^2}{z^4(A + 2S\frac{P\,dx}{z^3})}$. Subſtituant cette valeur de dt^2 dans la ſeconde équation, on aura

$$ddz + z dx^2 - \frac{\left[\frac{\psi}{zz} - \frac{P\,dz}{z^3 dx}\right]}{A + 2S\frac{P\,dx}{z^3}} \cdot dx^2 = 0$$

équation fondamentale du problême des trois corps. Cette équation à laquelle M M. d'Alembert & Clairaut ſont parvenus par des méthodes très-différentes de la notre, eſt toujours réductible à cette forme $ddz + z\,dx^2 + X\,dx^2 = 0$, X étant une fonction de x, & elle s'intégre par la méthode générale du §. 19. des recherches précédentes. Voyés les ouvrages des trois Géomêtres que j'ai cités.

APPLICATION DU PROBLEME FONDAMENTAL

De la Théorie précédente à quelques cas des trajectoires dans les milieux réſiſtants.

LES deux formules générales (E) & (F) peuvent ſervir à conſtruire aiſément en pluſieurs cas les trajectoires dans les milieux réſiſtants, ſans ſuppoſer que l'intenſité de la réſiſtance ſoit très-petite.

Exemple I.

Suppoſons que la force centrale étant en raiſon inverſe du quarré du raion vecteur, la réſiſtance du milieu ſoit en raiſon compoſée de la viteſſe & du quarré inverſe du raion vecteur. Il eſt clair qu'en reprenant les deux équations (E) & (F), on aura ici $F = \frac{M}{r^2}$, $K = \frac{nu}{r^2}$. Donc l'équation (E) deviendra $2dr - \frac{rddt}{dt} = -\frac{ndt}{r}$, ou bien, $dx\left(\frac{2rdrdt - rrddt}{dt^2}\right) = -ndx$ dont l'intégrale eſt $\frac{rrdx}{dt} = A - nx$; donc $dt^2 = \frac{r^4dx^2}{(A-nx)^2} = \frac{dx^2}{z^4(A-nx)^2}$. Mettons cette valeur dans l'équation (F), & nous aurons, $ddz + zdx^2 - \frac{Mdx^2}{(A-nx)^2} = 0$, équation qui s'intégre par la méthode générale du §. 19.

Exemple II.

Soient la force centrale en raiſon inverſe du cube du raion vecteur, & la résistance du milieu en raison composée de la vitesse & du cube inverse du raion vecteur, c'est-à-dire $F = \frac{M}{r^3}$, $K = \frac{nu}{r^3}$: la trajectoire est encore constructible.

Car l'équation (E) devient $2dr - \frac{rddt}{dt} = -\frac{ndt}{rr}$, ou bien $dx \left(\frac{2rdrdt - rrd^2t}{dt^2}\right) = -\frac{ndx}{r}$ dont l'intégrale est $\frac{rrdx}{dt} = A - S.\frac{ndx}{r}$, ou bien $\frac{dx}{zzdt} = A - S.nzdx$; donc $dt^2 = \frac{dx^2}{z^4(A - S.nzdx)^2}$. Mettant cette valeur de dt^2 dans l'équation (F); mettant aussi pour F sa valeur $\frac{M}{r^3} = Mz^3$, on aura $ddz + zdx^2 - \frac{Mzdx^2}{(A - S.nzdx)^2} = 0$. Pour intégrer cette équation, supposons $A - S.nzdx = y$, & parconséquent $zdx = -\frac{dy}{n}$; on aura la transformée $ddz - \frac{dydx}{n} + \frac{Mdydx}{ny^2} = 0$, dont l'intégrale est $dz - \frac{ydx}{n} - \frac{Mdx}{ny} = B\,dx$. Mettant pour dx sa valeur $-\frac{dy}{nz}$, on aura $zdz + \frac{ydy}{n^2} + \frac{Mdy}{n^2y} = -\frac{Bdy}{n}$ dont l'intégrale est $\frac{zz}{2} + \frac{yy}{2n^2} + \frac{M}{n^2}L.y = C - \frac{By}{n}$.

Donc z sera donnée en y, & à cause de l'équation $dx = \frac{-dy}{nz}$, x sera aussi donnée en y. Ainsi on pourra construire l'orbite.

FIN.

ERRATA

Pag. 11. *Dans le* §. 4, *le coëfficient* D *ne doit pas se trouver dans la valeur de* K. *Il faut donc alors effacer* D *ou supposer* D = 1, *comme on l'a fait dans tout le reste de la pièce.*

Pag. 21. Lig. 17. *Après ces mots* distances moyennes, *ajoutés* au Soleil, V & v leurs vitesses moyennes,

Ibid. Lig. 18. révolutions *lisés* leurs révolutions,

Pag. 32. *A la fin du* §. 28. *ajoutés* pourvû neanmoins que e soit toujours d'un ordre au dessous du dénominateur de la fraction 6.

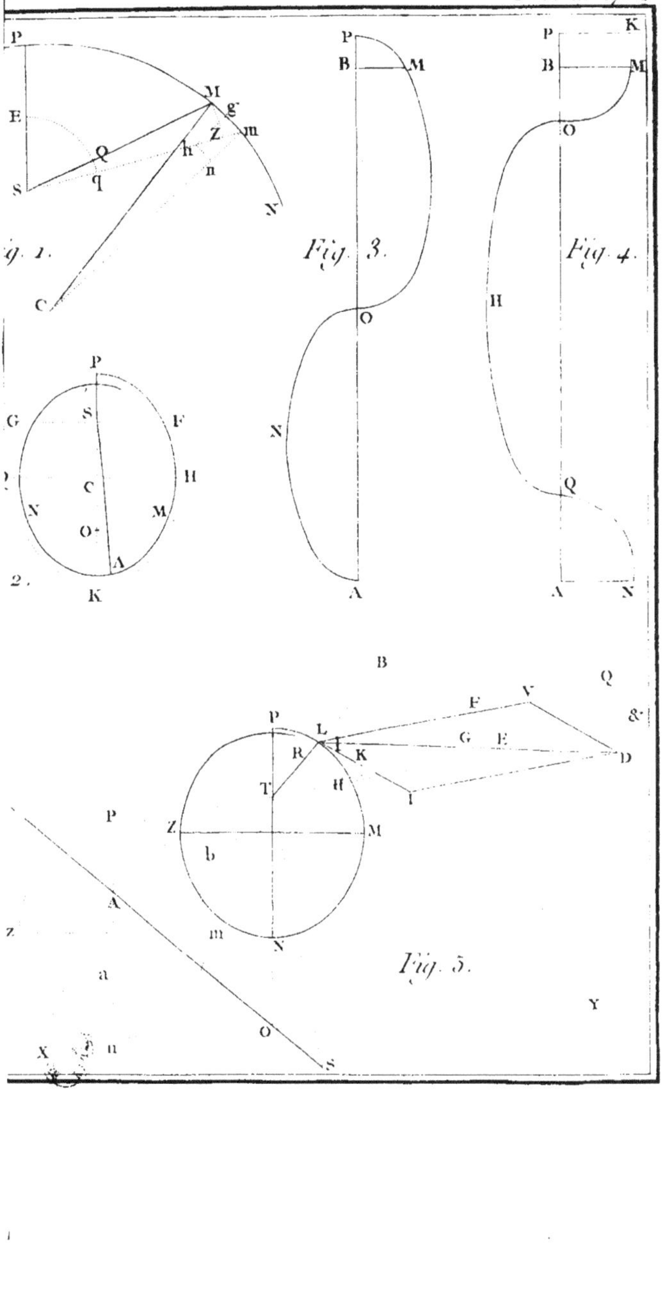

Fig. 1.

Fig. 2.

Fig. 3.

Fig. 4.

Fig. 5.

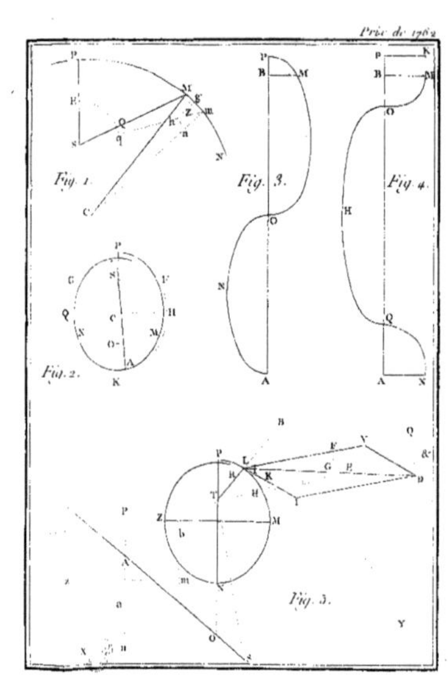
Prix de 1762
Fig. 1.
Fig. 2.
Fig. 3.
Fig. 4.
Fig. 5.

www.ingramcontent.com/pod-product-compliance
Ingram Content Group UK Ltd.
Pitfield, Milton Keynes, MK11 3LW, UK
UKHW020951180726
13838UKWH00003B/1267